送给孩子的**科普探索系列**

SONG GEI HAIZI DE KEPU TANSUO XILIE

# 恐龙百科

刘敬余/主编

U0275467

北京出版集团
北京教育出版社

**图书在版编目（CIP）数据**

恐龙百科 / 刘敬余主编.—北京：北京教育出版社，2020. 8
（送给孩子的科普探索系列）
ISBN 978-7-5704-2607-2

Ⅰ.①恐… Ⅱ.①刘… Ⅲ.①恐龙－儿童读物 Ⅳ.①Q915.864-49

中国版本图书馆CIP数据核字（2020）第142505号

# 送给孩子的科普探索系列

刘敬余 / 主编

\*

北京出版集团
北京教育出版社 出版
（北京北三环中路6号）
邮政编码：100120
网址：**www.bph.com.cn**
北京出版集团总发行
全国各地书店经销
天津千鹤文化传播有限公司印刷

\*

880mm×1230mm 32开本 10印张 220千字
2020年8月第1版 2022年4月第3次印刷

ISBN 978-7-5704-2607-2
定价：60.00元（全四册）

# 目录

## CONTENTS

**第一章　恐龙概述**

认识恐龙 / 2

恐龙的分类 / 4

**第二章　走进三叠纪——恐龙出现的时代**

始盗龙 / 8

理理恩龙 / 10

哥斯拉龙 / 12

里奥哈龙 / 14

南十字龙 / 16

瓜巴龙 / 18

黑丘龙 / 20

## 第三章　探秘侏罗纪——恐龙的繁盛时代

禄丰龙 / 22

冰脊龙 / 24

法布尔龙 / 26

塔邹达龙 / 27

华阳龙 / 28

钉状龙 / 30

沱江龙 / 32

五彩冠龙 / 34

棱背龙 / 36

欧罗巴龙 / 38

单脊龙 / 40

轻巧龙 / 41

叉龙 / 42

隐龙 / 43

梁龙 / 44

蛮龙 / 46

## 第四章　追寻白垩纪——恐龙的极盛时代

始暴龙 / 48

恐爪龙 / 50

禽龙 / 52

尾羽龙 / 54

敏迷龙 / 56

切齿龙 / 58

阿贝力龙 / 59

阿根廷龙 / 60

肿头龙 / 62

暴龙 / 64

镰刀龙 / 66

窃蛋龙 / 68

慈母龙 / 70

木他龙 / 72

绘龙 / 73

# 第一章
# 恐龙概述

从2.5亿年前到6500万年前，恐龙由出现到灭绝，统治了地球上亿年。中生代的恐龙多种多样，有肉食性恐龙，也有植食性恐龙。古生物学家通过恐龙化石展开了对恐龙的研究，让我们跟着古生物学家去探索恐龙的世界吧！

# 认识恐龙

**大**约在2.5亿年以前，在人类还没出现的遥远年代里，一种前所未有的生物——恐龙出现在地球上。它们中既有史上最大的陆生动物，也有最致命的掠食者。但是，从来没有人见过活着的恐龙，因为它们早在6500万年前就已经灭绝了。

## 恐龙生活在什么时代

距今2.52亿年至6600万年的那段时期被称为中生代，中生代又被分成3个纪：三叠纪、侏罗纪、白垩纪。恐龙就是在三叠纪出现，又在白垩纪末期灭绝的。大多数恐龙在地球上繁衍生息了数百万年，其间又不断有新的物种诞生。恐龙曾经统治

地球上亿年，是自地球形成以来最成功的动物种类之一。

## 独特的爬行动物

恐龙属于古爬行动物。和现存的爬行动物如鳄鱼、蜥蜴一样，恐龙也是卵生动物，并且体表长有角质鳞片。现存的大多数爬行动物的四肢是从身体的侧面伸展出来的，而大多数恐龙的四肢长在身体下面，把身体支撑起来，可见恐龙的四肢比现存大多数爬行动物的四肢要强壮得多。

## 恐龙的多样性

人类迄今已发现了许多种类的恐龙。它们有的和一只母鸡差不多大，有的却有10头大象那么大。肉食性恐龙拥有锋利的牙齿，某些植食性恐龙则长有无齿的喙，有的恐龙鼻上长角、头上长冠。

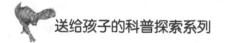

# 恐龙的分类

**恐**龙家族实在太庞大了，世界上已发现的约有350个属。为了更好地区分它们，科学家根据恐龙腰带结构的差异将其分成两大类，即蜥臀目恐龙和鸟臀目恐龙。

 ## 蜥臀目恐龙——兽脚亚目

肉食龙类：体形细长，最早出现在三叠纪。

虚骨龙类：兽脚类恐龙中的主要组成部分，主要生活在白垩纪。

恐爪龙类：外形与鸟类的祖先很接近。

☆奇趣小百科
☆自然百科音频
☆科学冷知识
☆好书推荐

## 蜥臀目恐龙——蜥脚亚目

原蜥脚类：生活在三叠纪晚期到侏罗纪早期，是杂食性或植食性的中等大小的一类恐龙。

蜥脚类：特点是脖子长、尾巴长、脑袋小，梁龙是其中的代表。

## 鸟臀目恐龙——装甲类

剑龙类：主要生活在侏罗纪，以身上的骨板和尾巴上的利刺为防御武器。它们的特点是身子大、脑袋小。

甲龙类：躯体扁平，几乎全为骨甲所覆盖，并以骨甲为防御武器，主要生活在白垩纪。

## 鸟臀目恐龙——角足类

鸟脚类：生活在三叠纪中期至白垩纪晚期。它们用强壮的后足奔走，有的地方很像鸟，所以叫鸟脚类恐龙。

角龙类：生活在白垩纪晚期，它们的头部长有用于防御的角和骨钉，以植物的嫩叶和多汁的根、茎为食。

肿头龙类：生活在白垩纪晚期，头顶肿厚呈盔状。

☆奇趣小百科
☆自然百科音频
☆科学冷知识
☆好书推荐

# 第二章

# 走进三叠纪——
# 恐龙出现的时代

　　2.52亿年前至2.01亿年前是中生代的三叠纪时期。恐龙就是在这一时期出现的，它们中有凶猛的肉食性恐龙，也有"素食主义者"——植食性恐龙。相信你一定很想认识它们吧，让我们一起走进三叠纪，探索这个时期恐龙的奥秘吧！

# 始盗龙

始盗龙的生存年代非常早，大约在2.3亿年前的三叠纪时期，它们是目前发现的最古老的恐龙之一。

## 外形特征

始盗龙的个头儿非常小，体长约为1米，跟现在的大型犬差不多，但它们后肢粗壮，前肢短小，是一种主要靠后肢两足行走的恐龙。始盗龙有5根脚趾，但是它们的第五根脚趾已经退化，变得非常小了。始盗龙四肢的骨骼薄且中空，站立时依靠脚掌中间的3根脚趾来支撑全身重量，它们的子孙们都继承了这一特征。

## 杂食性动物

始盗龙的前牙呈树叶状，这和植食性恐龙的牙很像，但是后牙却和肉食性恐龙的相似，都长得像带槽的刀一样。这一特征说明始盗龙很可能既吃植物又吃动物。

古生物学家正在用精巧的工具除去始盗龙头骨化石上的岩石颗粒

## 敏捷的猎手

始盗龙就像身手敏捷的猎手。虽然我们不能精确地重现它们的攻击行为和捕食过程，但是从它们那轻盈矫健的身形就不难想象出始盗龙能够急速捕杀猎物，而且它们的食物肯定不仅限于小型爬行动物，说不定还包括某些哺乳动物的祖先。

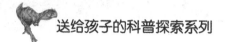

# 理理恩龙

理理恩龙是一种肉食性的兽脚类恐龙。它们生活在三叠纪晚期，体长5～6米，体重200～400千克，是这一时期体形最大的肉食性恐龙。

##  特别的脊冠

理理恩龙有着长长的脖子和长长的尾巴，前肢相当短小，后肢粗壮有力。它们最特别的地方是头上的脊冠。理理恩龙的脊冠只是两片薄薄的骨头，很不结实，一旦在捕食的时候遭到攻击，理理恩龙就会因为剧烈的疼

痛而不得不放弃就要到手的猎物，这也许是被它们捕捉的猎物逃脱的唯一方式了。

 ## 退化的手指

理理恩龙身上显示出了早期肉食性恐龙的一些特点，比如理理恩龙的前肢上长有5根手指，不过它们的第四指和第五指已经退化了，而且在后来的肉食性恐龙身上，第四指和第五指基本上是不发育的。

 ## 生活习性

理理恩龙是一种早期的肉食性恐龙，它们的捕食方式同现代的许多肉食性动物的猎食方式比较接近。它们多采取单独狩猎的方式去捕食小型恐龙，万不得已的时候也会猎食大型植食性恐龙。例如在饥饿难耐的时候，理理恩龙会在水边袭击喝水的板龙。

☆奇趣小百科
☆自然百科音频
☆科学冷知识
☆好书推荐

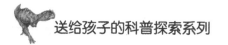

# 哥斯拉龙

哥斯拉龙生活在距今约2.1亿年的三叠纪晚期，属于兽脚类腔骨龙超科恐龙的一种，它们是肉食性恐龙的杰出代表。

##  灵活的大个子

哥斯拉龙身体长6米左右，体重150～200千克，与体形巨大的植食性恐龙相比，它们的身材略显娇小，但在肉食性恐龙的群落里，哥斯拉龙算得上较大的一类了。它们虽然体形较大，但体态十分轻盈，能够灵活地转身、倒退，而且行动敏捷，奔跑速度极快，这使它们能够在肉食性恐龙的激烈竞争中脱颖而出。

##  极强的生存能力

哥斯拉龙适应环境的能力极强。无论是在比较寒冷的山地，还是在湿热的雨林；无论是在比较干旱的草原，还是在茂密的树林，哥斯拉龙都能够适应。而它们的生存能力更强：能迅速而执着地追捕猎物；就算因争夺食物而受了重伤，或者身处复杂而险恶的生存环境，它们依然能够顽强地生存下去。

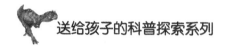 

# 里奥哈龙

里奥哈龙是一种植食性、原蜥脚类恐龙。它们生活在三叠纪晚期，是里奥哈龙科中唯一一种恐龙。其化石是约瑟·波拿巴在阿根廷拉里奥哈省发现的。

 **外形特征**

里奥哈龙的体形比较大，一般体长在10米左右；头部相对较小；有着长而细的脖子；前后肢长度差不多，粗壮有力；尾巴细长。它的牙齿呈叶状，边缘有锯齿，上颌的前方有5颗牙齿，后方有24颗牙齿，这些特征能够帮助它们很好地咀嚼植物。

 **特别的骨头**

虽然里奥哈龙的身躯庞大，四肢粗壮有力，但是它们的总体重不是很重，因为里奥哈龙的脊椎骨是中空的。中空的

脊椎骨起到了减轻体重的作用，减轻了四肢的负荷，使四肢能够支撑起庞大的身躯。

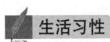 **生活习性**

里奥哈龙前后肢的长度差不多，所以它们能以四足着地的方式行走。在茂密的原始森林里，它们缓慢地挪动身躯，低头啃食各种蕨类植物。因为身形庞大，里奥哈龙必须用四肢来支撑身体的重量，无法只用后肢支撑站立。

# 南十字龙

**南**十字龙生活在三叠纪晚期，是人类已知的最古老的恐龙之一，属于肉食性恐龙。

## 名字由来

南十字龙化石是1970年在巴西南部的南里约格朗德州被发现的，当时在南半球发现的恐龙化石极少，因此人们便以只有在南半球才可以看见的南十字星座为其命名。

南十字龙

**外形特征**

南十字龙是一种体形比较小的恐龙。它们的身长只有2米左右，体重约30千克，长颚上长着整齐的牙齿，像鸟腿一样细长的后肢有助于追逐猎物。它们的尾巴不长，大约只有80厘米。但是与较晚期的蜥脚类恐龙比起来，它们的尾巴已经算是较长的了。它们只有两个脊椎骨连接骨盆与脊柱，这明显是一种原始排列方式。

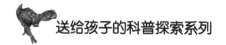
# 瓜巴龙

瓜巴龙化石在巴西南里约格朗德州被发现，命名于1999年，命名者是约瑟·波拿巴和他的同事。瓜巴龙生活在三叠纪晚期，属于较早期的肉食性恐龙。

 **外形特征**

瓜巴龙的上颌骨比下颌骨发达许多，而且上颌骨的前端是向下弯的。它们的牙齿比较粗大，眼眶也很大。这些特征都显示了瓜巴龙身上带有早期恐龙较为原始的一面。

 **肉食专家**

　　瓜巴龙与同时代的埃雷拉龙、始盗龙有一定的亲缘关系，它们的身体已经拥有了和后来出现的其他肉食性恐龙一样的特征。这主要表现在两个方面：它们的耻骨已经不是很大；下颌中部没有植食性恐龙所有的那种额外的连接装置。

**生活习性**

　　瓜巴龙的体形属于小巧型的，所以古生物学家推测它们是一种很善于奔跑的恐龙。同时因为体形小，它们也应该是一种群居的恐龙，而且很善于团队狩猎。

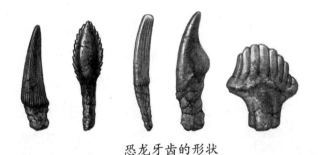

恐龙牙齿的形状

☆奇趣小百科
☆自然百科音频
☆科学冷知识
☆好书推荐

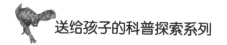

# 黑丘龙

**黑**丘龙又名梅兰龙、美兰龙，是一种巨大的原蜥脚类恐龙，生活在三叠纪晚期的南非。

 **外形特征**

黑丘龙身长10～12米，拥有巨大的身体与健壮的四肢，显示出它们是用四足移动的。其四肢的骨头巨大而沉重。同大部分原蜥脚类恐龙一样，黑丘龙的脊椎骨中空，这减轻了它们的体重。黑丘龙之所以进化出庞大的身驱，可能是为了抵御天敌。

 **化石发现**

直到2007年，第一个黑丘龙的完整颅骨才被发现。黑丘龙的头很小，颅骨长约25厘米，大致呈三角形，吻部略尖，上颌骨前部的两边各有4颗牙齿，这是原蜥脚类恐龙的特征。

# 第三章

# 探秘侏罗纪——恐龙的繁盛时代

　　侏罗纪（2.01亿年前至1.45亿年前）是恐龙的繁盛时代，许多新种类的恐龙在这个时期迅速崛起。在侏罗纪末期，无论是体形还是智力，恐龙都远远超过其他动物，这使它们成为了那个时期的霸主。

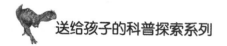

# 禄丰龙

**禄** 丰龙是一种出现得比较早、较为原始的恐龙，它们生活在距今约1.9亿年的侏罗纪早期。

## 闻名于世的化石

禄丰龙因其化石被发现于中国云南禄丰而得名。在中国发现的禄丰龙化石中有一具名叫"许氏禄丰龙"的骨架非常完整，从头到尾巴尖上的骨头几乎没有缺少。像这样完整的化石在世界范围内发现的并不多，这也是中国找到的第一具完整的恐龙化石标本，堪称世界顶级资源。

## 外形特征

禄丰龙是一种中等大小的恐龙，它们体长5米左右，2～3米高。它们的脖子虽然很长，但是颈椎骨构造简单，脖子并不灵活。禄丰龙的头小而且呈三角形，还没有脖子粗大，鼻孔也呈三角形，眼眶大而圆。牙齿稀疏，齿缘有起伏的锯齿形微波，这样的牙齿便于吞食植物。禄丰龙长有一条长长的尾巴，能够

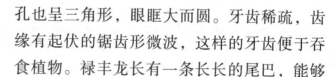

平衡身体前部的重量，这也是它们能够自由活动的前提。

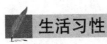
## 生活习性

禄丰龙一般生活在湖泊和沼泽边，主要以植物的嫩枝叶和柔软藻类为食。禄丰龙的前肢很短小，后肢则粗壮有力，趾端还有粗大的爪，因此，它们行动敏捷，通常用两条腿行走，如果遇到肉食性恐龙前来攻击，便迅速逃跑。但是在觅食或休息时，它们也会前肢着地，弓背而行。这种行动方式促使它们进一步适应环境，向着用四足行走的巨大蜥脚类恐龙演变。

23

# 冰脊龙

**冰**脊龙又名冻角龙，属于兽脚亚目恐龙，是第一种被发现生活在南极洲的肉食性恐龙，也是第一种被古生物学家记录在案的南极洲恐龙。

## 奇特的头冠

冰脊龙外形上最大的特征就是它们头顶上突出而奇特的骨质结构：在冰脊龙眼睛上方，有一个角状向上的冠，这个奇特的头冠横在头颅上，冠的两侧还各有两个小角锥。这个头冠就像点缀在头顶的小山峰，它们的名字也由此而来。因为头冠很薄，所以古生物学家认为其不具备防御功能，猜测其用途是吸引异性的注意。冰脊龙的牙齿呈锯齿形，四肢生有利爪，它们习惯用两足行走。

## 化石研究

冰脊龙化石的发掘在恐龙研究进程中具有重大意义，为证明恐龙有可能是温血动物提供了有力的证据。因为要在南极洲度过长达6个月的严寒冬季，冰脊龙就必须维持足够高的体温，以免被冻僵。

有些科学家认为，冰脊龙可能有丰富艳丽的色彩，也许身体里还分布着丰富的血管或神经，一旦充血，其色彩就更加艳丽。

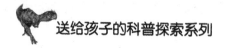

# 法布尔龙

**法**布尔龙是鸟臀目恐龙的一属，是植食性恐龙，生活于距今1.99亿年至1.89亿年的侏罗纪早期的非洲南部。

 ## 小巧轻盈的身躯

法布尔龙是一种早期的鸟脚类恐龙，与盾板龙有亲戚关系。它们的身长仅1米左右，在整个恐龙世家里算是很小巧轻盈的，这在遍地都是大型动物的侏罗纪时代显得十分罕见。

 ## 坚硬的牙齿

法布尔龙一般靠后肢行走或者奔跑，所以后肢强健有力；前肢也很强壮，上面的手指也很灵活。它们的牙齿很坚硬，上面带有锯齿，就像一把锯齿刀，能够把粗硬的草木撕裂。

# 塔邹达龙

塔 邹达龙属于蜥脚类植食性恐龙，生活在侏罗纪早期至中期。塔邹达龙是以发现地点命名的。

 **化石发现**

塔邹达龙的化石于2004年被发现于阿特拉斯山脉的逆掩断层，位于岩屑沉积层内，包含一只成年塔邹达龙的部分骸骨和一些幼年塔邹达龙的骸骨，这是目前发现的最古老的蜥脚类恐龙化石，也是目前发现的最完整的侏罗纪早期的蜥脚类化石。

**化石研究**

从发现的塔邹达龙的头骨、颌骨和一些脊椎骨化石推测，它们拥有相当原始的特征，例如类似原蜥脚下目的下颌，拥有小齿的匙状牙齿。延长的颈椎说明塔邹达龙的颈部应该很灵活。

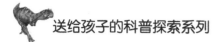
# 华阳龙

**华**阳龙是生活在侏罗纪中期的剑龙类恐龙，化石标本最早发现于中国四川自贡大山铺恐龙化石群，因四川古称华阳而得此名。

 **外形特征**

华阳龙体长4米左右，高约1米；长有一个较小却厚重的头，吻部短小，整个头部从上往下看呈三角形，且前低后高，呈楔形。它们的上颌前端长有细小的牙齿，呈叶片状。嘴前端有构造简单的犬齿，很适合用来咀嚼植物。华阳龙有适应陆地生活的四肢，前肢比后肢短小，前足5指，后足4趾，指（趾）端有扁平的爪。

 **独特的防御武器**

华阳龙的骨板形状多样，颈部的为圆桃形，背部和尾部的呈矛状，左右成双且对称排列，看起来就像是肩膀、腰部以及尾巴尖上都长着长刺。当受到攻击时，它们就会把这些长着长刺的部位转过来对着袭击者，同时毫不留情地用带刺的尾巴抽打敌人。

 **生活习性**

华阳龙生活在湖滨、河畔的丛林之中，以灌木的嫩枝叶为食。它们通常三五只群居，一只雄性华阳龙担任首领，带领其余的成员觅食，抵御敌人的攻击。

# 钉状龙

钉状龙又名肯氏龙，是剑龙科的一个属，也属于植食性恐龙。

刚出生的钉状龙

## 恐龙界的小个子

钉状龙的体形非常小，身长不到5米，个头儿只有剑龙的1/4，和犀牛差不多大小。与同样生活在东非的一些体形巨大的恐龙（如腕龙、叉龙）相比，真是不折不扣的小个子。由于个子小，它们只能以地面上的低矮的植物为食。

## 神奇的"第二大脑"

钉状龙的臀部有个空腔，据专家推测，空腔的作用特别大，可能长有能够控制后肢和尾巴的敏感神经，也可能用于储存糖原体，从而随时补充体内能量或

激发肌肉的功能。无论空腔的作用是什么，它都是钉状龙身上非常重要的部分，简直可以称为"第二大脑"。

 ## 防身的"利钉"

钉状龙全身布满了防身的甲刺。靠近头部的地方甲刺较宽，从身体的中部开始，越往后甲刺变得越窄、越尖。一旦遇到危险，钉状龙就会竖起甲刺保护自己，它们常常将那些嘴馋的肉食性恐龙扎得鲜血淋漓。钉状龙双肩的两侧还长着一对利刺，就像如今的豪猪那样。这些利刺使得小小的钉状龙在极其恶劣的生存环境中存活下来。

31

# 沱江龙

**沱**江龙生活在侏罗纪晚期，它们与同时代生活在北美洲的剑龙有着极为密切的亲缘关系，属早期的剑龙类恐龙，是中国最负盛名的恐龙之一。沱江龙的化石在1974年被发现于中国四川自贡五家坝，是亚洲有史以来第一具完整的剑龙类骨架化石。

## 酷似拱桥的体形

沱江龙体长7米左右，与其他剑龙类恐龙一样，有着小小的脑袋，长而尖的嘴，纤细的牙齿。它们的背部高高拱起，长着细长骨刺的尾巴拖在地上，整个体形就像中国古代的拱桥。

## 尖利的骨板

沱江龙的骨板较大，且形状多样，颈部的轻而薄，呈桃形，背部的呈三角形，荐部和尾部的呈高棘状的扁锥形。从颈部到荐部，骨板逐渐增高、增大、加厚，最大的一对长在荐部。这些骨板在沱江龙背部中线的两侧对称排列。沱江龙骨板的数量比其他种类剑龙的骨板数量都多，达15对，尾端还有两对尾刺，使它们能够在遇到敌人的时候很好地保护自己。

## 生活习性

沱江龙属于植食性恐龙，性情一般比较温和。它们可能

是在茂密的森林中生活的，在森林中生活既方便它们觅食，又利于它们隐藏。它们的牙齿较小，呈叶片状，但数目较多，排列紧密。不过这些牙齿十分纤弱，不能很好地咀嚼食物，所以它们常常会吞下一些小石块做胃石以帮助消化。

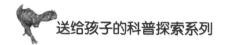
# 五彩冠龙

五彩冠龙是已知最早的暴龙类恐龙之一。它们长有巨大的头、长长的脖颈和一对翅膀似的前肢。前肢上布满了羽毛，使它们看上去既像恐龙，又像鸟类。

## 名字的由来

一听到这个名字，大家可能认为这种恐龙头上长着五彩缤纷的头冠，但是你们只猜对了一半。五彩冠龙的头上的确长着一个中空的头冠，但并不是五彩的，而是红色的，就像公鸡头上的鸡冠一样。这种恐龙之所以被称为"五彩冠龙"，是因为其化石的发现地点——准噶尔盆地五彩湾有许多色彩绚烂的岩石。

## 华而不实的头冠

很多恐龙都有头冠，但它们的头冠与五彩冠龙的相比就逊色得多了。五彩冠龙的头冠很大，而且造型奇特，是恐龙界最为精致的头冠，十分引人注目。尽管五彩冠

龙的头冠很好看，但用途很小——头冠很脆弱，不能作为防身的武器，仅仅是用来炫耀地位或吸引伴侣的装饰品而已。

## 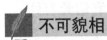 不可貌相

与其他恐龙相比，五彩冠龙显得有些弱小。它们只有约3米长，高度不到1米。但别以为它们个头儿小就好欺负哟，它们发起怒来可是异常凶猛的。尽管它们的头冠不够坚硬，但它们拥有强壮的后肢，奔跑速度惊人，冲击力极强，它们还拥有尖锐的牙齿，可以轻易地咬穿坚硬的兽皮。所以，五彩冠龙是一种非常凶猛的肉食性恐龙。

# 棱背龙

棱背龙生活在侏罗纪早期，又被称作肢龙、腿龙和踝龙，是一种极其原始的鸟臀目植食性恐龙，其化石分布在美国的亚利桑那州、英国的多塞特和中国的西藏自治区。

## 外形特征

棱背龙的大小和一头成年犀牛差不多，头较小，颅骨低矮且呈三角形，颈部长，后肢较前肢长，后肢下半部的骨头较粗短。但棱背龙的前脚掌与后脚掌一样大，显示它们是利用四足行走的。

## 骨板做的"外套"

棱背龙的背上覆盖了坚硬的鳞甲和整齐、小巧的骨板，上面长满了尖刺，就像给自己套上了一件骨板做的"外套"，让其他肉食性恐龙咬不下去，

这就很好地保护了自己。当遇到肉食性恐龙的袭击而又实在无法逃脱的时候，它们就会尽量把身上有骨板的部位对准敌人，这样肉食性恐龙即使咬穿了棱背龙的"外套"，也会因为牙齿碰到了骨板而再也咬不下去了。

## 生活习性

棱背龙拥有非常小的叶状颊齿，适合咀嚼植物。一般认为，它们进食时以后肢支撑身体，以便吃到树上的树叶，然后通过上下颌移动，让牙齿与牙齿间产生刺穿和压碎的动作来咀嚼食物。

扫码领取

☆奇趣小百科
☆自然百科音频
☆科学冷知识
☆好书推荐

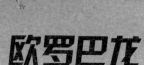

# 欧罗巴龙

**欧**罗巴龙是一种原始大鼻龙类恐龙，属于蜥脚类恐龙，是一种四足植食性恐龙。它们生活在侏罗纪晚期德国北部的下萨克森盆地。

## "迷你恐龙"

成年的欧罗巴龙身体最长只有6.2米，与著名的蜥脚类巨兽——身长可达27米的梁龙相比，它们无疑是蜥脚类恐龙里的"侏儒"，甚至被称为"迷你恐龙"。

欧罗巴龙化石的发现打破了人们的"蜥脚类恐龙都是大型恐龙"的传统认识。

## 身形缩小以适应环境

欧罗巴龙生活的地区在1.5亿年前是一片巨大的海泛区，这里有无数被分离的陆地、岛屿，这也使生活在这些陆地、岛屿上的动物被分离开来，过着老死不相往来的隔离生活。因为"交通"不便，隔离的小岛上没有足够的食物提供给身形巨大的动物，久而久之就导致了生活在这里的欧罗巴龙身形缩小。它们以这种方式适应环境，从而顽强地生存下来。

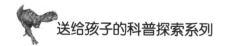
# 单脊龙

**单**脊龙生活在侏罗纪晚期，一般被称为江氏单脊龙。它们的化石是在中国准噶尔盆地将军庙附近发现的，所以也叫作将军庙单脊龙。

## 奇特的"头饰"

单脊龙身长可达5米，高2米左右，属于个头儿中等的兽脚类恐龙。之所以被称为单脊龙，是因为它们的头顶上有一个由鼻骨和泪骨在头骨中线处形成的脊突状的特殊"头饰"。这个"头饰"使得它们的头比较大，大约有67厘米长。因为这个"头饰"，人们很容易把它们与其他肉食性恐龙区别开来。

## 喜欢水的恐龙

古生物学家研究发现，在发现单脊龙化石的几个地方曾经都有水，由此推测单脊龙喜欢泡在水里，可能生活在湖岸或海岸地区。

# 轻巧龙

**轻**巧龙又名伊拉夫罗龙，意为"重量轻的蜥蜴"，是一种肉食性恐龙，生活在侏罗纪晚期的东非坦桑尼亚沿海的平原树林里。

## 恐龙中的"猎豹"

人们经过对轻巧龙化石的研究可以发现，它们身长约6米，臀部高1.46米，体重约210千克。个头儿比较小，而且身子长得又长又瘦，这样的体形让轻巧龙能够快速地奔跑，让它们可以在广大的平原追捕小型的猎物。轻巧龙堪称恐龙中的"猎豹"，只是与用四条腿奔跑的猎豹不同，轻巧龙是靠两条后腿奔跑的。

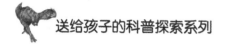
# 叉龙

叉龙生活在侏罗纪晚期，其活动的区域大致在今天的非洲地区，是一种小型的蜥脚类梁龙超科恐龙。首个叉龙化石是1914年由古生物学家沃纳·詹尼斯在坦桑尼亚的敦达古鲁组发现的。

 **外形特征**

大部分的梁龙超科恐龙体形巨大，有着长颈和鞭状的长尾巴。但叉龙的体长只有大约12米，头部比较大，颈部较短，也较宽。叉龙的这些特征和其他的蜥脚类恐龙之间存在很大差别。

 **名字的由来**

叉龙颈椎背侧的神经棘呈Y型，很像叉子，这也是它们被命名为"叉龙"的缘由。因为脊椎的神经棘是肌肉附着的支撑点，又由韧带来连接这些脊椎骨，所以叉龙的背部就形成了很明显的隆脊。

# 隐龙

隐龙意为"隐藏的龙"，是角龙类恐龙的一种。它们是一种小型、原始的植食性恐龙，生活在侏罗纪晚期，是目前已知的最原始的角龙类恐龙。

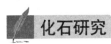
## 化石研究

隐龙的化石被发现于中国新疆的准噶尔盆地，在这个地方被发现的还有冠龙化石，它们都是在同一个地层被发现的。被发现的隐龙化石标本非常完整，其头盖骨背面比较特殊，上下颌骨的表面比较粗糙，前肢相对较短，靠双足行走，这与小型的鸟脚类恐龙相同，证明了角龙类恐龙是由靠双足行走的小型恐龙进化而来的。

古生物学家研究发现，隐龙的身上具有肿头龙类恐龙和角龙类恐龙的特征，而进一步的研究发现，它们还具有畸齿龙类的某些特征，这对研究肿头龙类和角龙类恐龙的进化有着重要的意义。

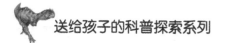
# 梁龙

梁龙曾经是恐龙这种动物的代表，是最早被人们熟知的恐龙之一。它们出现在侏罗纪末期，大多生活在北美洲西部。

 **外形特征**

梁龙长着长长的脖子和长长的尾巴，前肢短，后肢长，臀部高于前肩。相对于长脖子来说，它们的脑袋就小得多了，脸也较长，鼻孔长在眼睛的上方。

梁龙的脖子虽然长，但颈椎骨并不多，只有15块，且十分坚韧，所以不能随意弯曲，尤其不能随意抬高。它们的脖子大部分时间是直直地伸向前方。

## 贪吃还是勤劳

每一只年幼的梁龙都有一个相同的使命，这一生它们都在为这个使命而不断地努力着。但是大家千万别以为它们是十分勤劳的家伙哟，因为这个需要它们用一生的时间去完成的使命其实就是吃。

刚刚出生的小梁龙只有几千克重，但是它们每年必须增重1吨才能达到生长标准，不然就属于发育不良，在弱肉强食的动物世界里是很难存活下去的。这样算起来，梁龙每天需要增重2～3千克，不拼命吃不行啊！

# 蛮龙

蛮龙生活在侏罗纪晚期，与这个时代的异特龙生活在同一区域。但是它们的外表和暴龙更像，身形也要比异特龙健壮许多。它们有着结实的骨骼，属于肉食性兽脚类恐龙。

## "冷血杀手"

蛮龙的体形庞大，是侏罗纪时期最大的肉食性恐龙。它们长着极具破坏力的牙齿和锋利的爪子，以各种植食性恐龙为食。蛮龙凶猛残忍，被称为侏罗纪晚期恐龙界的"冷血杀手"。

## 生活习性

虽然蛮龙体形庞大，但是这并未影响它们的捕食速度。其腿骨相当粗壮，因此蛮龙拥有超过异特龙的速度，可以迅猛地扑倒猎物。

# 第四章

# 追寻白垩纪——
# 恐龙的极盛时代

白垩纪是中生代的最后一个纪，始于1.45亿年前，结束于6600万年前。在这个时期，许多侏罗纪时期的恐龙都灭绝了，新的恐龙种群开始出现、进化，并在数量和种类上都达到了顶峰。我们一起来认识一下它们吧！

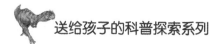

# 始暴龙

**始**暴龙是暴龙超科下的一种恐龙，是生活在白垩纪早期的暴龙类恐龙，其拉丁语名字的意思是"早期暴龙"，这是根据它们的外形特征来命名的。

 **外形特征**

始暴龙体长4.5～6米，体重约2吨。始暴龙的上颌牙齿横切面呈D形，有锯齿，胫骨及跖骨相对较长，这些都是暴龙超科恐龙的特征。它们的原始特征是有较长的颈椎、完全发展的长前肢以及颅骨顶部的冠饰等，这都是

后期暴龙超科恐龙身上所没有的。而且，在兽脚类恐龙中，从比例上来说，始暴龙是前爪最长的恐龙之一。

 **化石发现**

始暴龙的化石是由古生物学家加文郎在英国怀特岛发现的，遗骸化石包括了幼体及亚成体的颅骨、脊椎骨及其他骨骼，都是在植物堆泥床中被发现的。

已经发现的始暴龙化石包括额骨、牙齿及鼻骨等。上颌骨有牙齿，其横截面愈合；前肢细长；后肢支撑身体。尽管始暴龙的身形比暴龙的短得多，但其颅骨、肩膀和四肢结构与暴龙的类似，前肢好像比暴龙的还大。

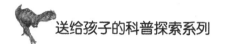 

# 恐爪龙

**恐**爪龙是一种兽脚类恐龙，生活在白垩纪早期，分布范围较广，整个北半球都有它们活动的踪迹。恐爪龙性情比较凶残，是恐龙中的恶霸。

## 外形特征

根据恐爪龙的最大标本推断，恐爪龙的体长可达3米，颅骨最长可达0.41米，臀部高度约为0.87米，体重20～30千克。它们的上下颌十分有力，有约60颗弯曲的呈刀刃形的牙齿。

## 恐怖的爪子

恐爪龙的名字是取其长有"恐怖的爪子"之意，因为它们的后肢第二趾长有约12厘米长、呈镰刀状的趾爪。在行走时，它们的第二趾可能会缩起，仅使用第三趾、第四趾行走。锋利的镰刀般的利爪能很轻易地戳透猎物的皮

肉，加之行动敏捷，性格凶残，恐爪龙成为了白垩纪早期最活跃的掠食者之一，是恐龙家族中最凶猛的捕猎者之一。

 **多功能的尾巴**

恐爪龙的尾巴由长长的棒状的骨头和僵直的骨质筋腱组成，当恐爪龙快速奔跑时，这条尾巴既是推进器，又是平衡器。在恐爪龙向猎物发动进攻时，尾巴的作用也许更大。

猎食中的恐爪龙

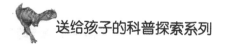
# 禽龙

**禽**龙是鸟脚类恐龙的一种，生活在白垩纪早期，是一种体形庞大的植食性恐龙。禽龙是继斑龙之后，世界上第二种被正式命名的恐龙。

##  奇特的"大拇指"

禽龙体形庞大，体长9～10米，高4～5米，体重和一头大象的体重差不多，尾部粗壮。禽龙前肢有5指：3根中指、1根锥状的拇指和1根灵巧的小指。足部长有3趾，结构非常坚固。

值得提出的是，禽龙的前肢拇指上长有锥状棘钉，非常锋利。它们的3根中指非常结实，指间还有蹼相连。

##  生活习性

禽龙喜欢群居生活，可能以苏铁等植物为食。找到食物

后，它们会细嚼慢咽，因此不用吞食石子来帮助消化。

幼年禽龙的前肢比较短小，它们大都用后肢行走。成年禽龙多四肢着地，行动要缓慢得多。

禽龙非常聪明。成年禽龙虽然平时多四肢着地，以便支撑身体的重量，行动比较缓慢，但是一旦被掠食者追击，它们就会用两条后肢跑起来，跑得很快，转眼就没了踪影，那些凶恶的猎食者只好作罢。

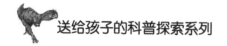
# 尾羽龙

尾羽龙生活在白垩纪早期。其化石在中国辽宁西部被发现的时候，上面显示有许多羽毛，以至于最初被人们误认为是一种鸟类的化石，经过仔细研究后，它们才被确认为恐龙化石。

## 外形特征

尾羽龙的体形很小，身上长有羽毛，其外形与现代的火鸡很相似。尾羽龙长着短而方的颅骨，喙部也比较短，除了上颌的前端长着几颗形态奇特、向前延伸的牙齿以外，基本上没有其他的牙齿。它们的脖子和大多数的似鸟龙类恐龙一样长而灵活，前肢上长有3根带有利甲的指头。尾巴较短，末端坚挺，尾椎数量少。

## 两种羽毛

尾羽龙的身上长有两种羽毛：一种是长在前肢和尾部的长羽毛，长度为15～20厘米；另一种是覆盖全身的短绒羽。这些羽毛有调节体温和吸引配偶的作用。

## 生活习性

尾羽龙是一种杂食性兽脚类恐龙。虽然它们具备了鸟类的某些特征，但是它们并不会飞，是靠后肢行走的小型奔

跑型恐龙。由于它们基本上没什么牙齿，很难把食物咬碎，所以它们需要吞食一些小石头来帮忙磨碎和消化食物，这一点，由从它们胃里发现的石子来证明。

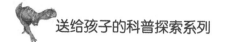 

# 敏迷龙

**敏**迷龙也被称为珉米龙，人们从发现的骨骼化石推测出，它们应该是生活在白垩纪中期的植食性恐龙。

## 一身的保护装备

敏迷龙身体的各个部位几乎都被甲片覆盖着，它们的背上还长有许多像瘤子一样的鳞甲。围在它们脖子周围的骨甲要比背上的骨甲大许多。甲片不但保护了敏迷龙极易受到攻击的脖子和背部，还保护着它们柔软的肚子及四肢。

 **消极躲避**

敏迷龙虽然有全身的甲片做保护，但是它们不会主动攻击其他动物。被敌人攻击时，它们既不会立即反击，也不会快速逃跑，而是选择找个地方躲起来，进行消极抵抗。虽然它们总是消极地躲避而不正面迎敌，但它们身上的坚甲还是让不少肉食性恐龙望而却步。

 **生活习性**

从侧面看，敏迷龙的头部与乌龟的头有点儿像，从前面到后面逐渐变宽，前端有角质的喙状嘴。它们的牙齿呈叶状，适合啃食植物，鲜嫩多汁的蕨类植物是它们的最爱。

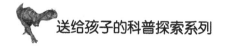 

# 切齿龙

**切** 齿龙生存于白垩纪早期，其化石于2002年在中国被发现，是一种长相奇怪的恐龙，还是迄今为止发现的最原始的窃蛋龙类恐龙。

## 命名缘由

这种恐龙因长有两颗怪异的像大门牙一样的颌前齿而被命名为"切齿龙"，其拉丁名的意思是"长门牙的蜥蜴"。除此之外，它们还长着小型的颊齿，颊齿有很大的咀嚼面，类似于人类的臼齿。

## 独特的牙齿

切齿龙的牙齿很独特，在兽脚类恐龙中属首次发现。通过研究它们牙齿的特征，古生物学家推断，它们的牙齿不适合撕扯肉类，而更适合研磨植物，因此，切齿龙应该是植食性恐龙。

# 阿贝力龙

阿贝力龙是两足的肉食性恐龙，生活在白垩纪晚期，在现今的南美洲地区活动。

 **名字的由来**

阿贝力龙的命名是为了纪念发现阿贝力龙化石标本的罗伯特·阿贝力，他同时也是摆放该化石标本的阿根廷西波列蒂省立博物馆的前馆长。

 **化石研究**

迄今为止，人们发现的阿贝力龙化石标本只有一个不完整的头骨。头骨右侧缺损严重，颚骨也有部分缺失。这个不完整的头骨长约85厘米。

阿贝力龙不像其他阿贝力龙科恐龙般有头冠或角，但在鼻端及眼部上方有粗糙的隆起部分。阿贝力龙的头骨有一般恐龙都有的大孔，以减轻头骨的重量。

# 阿根廷龙

阿根廷龙生活在距今约1亿年的白垩纪中期，其活动的范围在今天的南美洲地区。它们属于蜥脚类恐龙，是一种大型的植食性恐龙。

## 最大的陆地恐龙

顾名思义，阿根廷龙是在阿根廷被发现的。据化石研究推测，阿根廷龙体长应在30米以上，体重要比其他恐龙重得多，有可能达94吨，相当于20头大象的总重量。迄今为止，阿根廷龙是人们发现的体形最大的陆地恐龙之一。

##  体形大是因为营养好

阿根廷龙如此庞大，如此强壮，这和当时的环境是密不可分的。在白垩纪中期有很长一段时间，气候十分稳定，天气温暖，很适合植物生长。因此，阿根廷龙的食物充足，它们才能长得如此庞大。

##  阿根廷龙是无敌的吗？

20世纪，一具南方巨兽龙化石出土了，当时它的嘴中正咬着阿根廷龙的颈骨。古生物学家们据此推测，其他恐龙（如马普龙、南方巨兽龙等）只有采用群体进攻的方式，并且围攻的是一只年老或体弱的阿根廷龙，才有可能获胜。阿根廷龙是极富战斗力的，但是阿根廷龙究竟是否无敌，还需要进一步研究才能有定论。

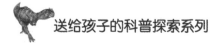

# 肿头龙

**肿**头龙的头盖骨又高又厚，远远看去，就像是头上肿起了一个大大的包，所以被人们称为"肿头龙"，又称"厚头龙"。

 **面目狰狞的"丑小子"**

肿头龙不仅头顶长得十分奇特，就连样貌也极为特别。它们的脸部和嘴的四周长满了角质或骨质的棘状突起，就像放大了的癞蛤蟆的皮肤那样。这使得肿头龙的面目异常恐怖，看起来真是又狰狞又丑陋！

##  最特别的武器

肿头龙头上的"肿包"令其相貌奇特又滑稽，但你可别小看这又厚又重的"肿包"，这是它们在搏斗时最有力的武器。这一"肿包"其实是高高凸起的头盖骨，坚硬无比。肿头龙喜欢过群居生活，有时为了表示友好，还会用大肿头互相轻撞，这可能就是这一武器的又一个特别的用途吧！

##  食物无法确定

目前，人们还无法确定肿头龙到底吃什么食物，因为肿头龙的牙齿比较锐利，但小而有脊。这样的牙齿不能够嚼烂纤维丰富的坚韧植物。所以肿头龙的食谱上可能包括了这样一些食物种类，如植物种子、果实和柔软的叶子等，甚至当时的昆虫也可能是它们的食物之一。

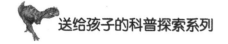

# 暴龙

**暴**龙是一种著名的肉食性恐龙，属于兽脚类恐龙，曾在白垩纪末期称霸一时，多生活在北美洲地区。

 **外形特征**

暴龙体形庞大，站起来身高超过两层楼的高度，头颅窄而长，头骨长达1.5米，眼睛较小，下颌硕大，两颊肌肉十分发达。它们的颈部短粗，身躯结实，虽然前肢已经退化，既短小又无力，但是后肢强健、粗壮、有力，长有结实的肌肉，可以支撑它们那庞大的身躯。暴龙脚掌有四趾，趾端有爪，爪和牙齿都是非常有用的搏斗武器。

 **可怕的猎食者**

暴龙是天生的猎食者，它们的下颌不仅粗壮，而且关节面很靠后，嘴可以张得很大，全张开时用"血盆大口"来形容一点儿也不为过。它们的嘴里长着短剑般的牙齿，参差不齐，边缘有锯齿。这样的颌骨和牙齿结构，有利于撕裂和咀嚼食物，使它们成为可怕的猎食者。

 **生活习性**

暴龙仅依靠两条后腿走路，一般独自或者成双成对地猎食。它们会追踪猎物，猎食的主要目标是幼崽及老弱病残

者，如果哪一天运气好，遇到一只死去的动物，它们就可以享受一顿免费大餐了。有些科学家认为暴龙可以张大嘴巴追捕猎物，以便及时给猎物沉重一咬。暴龙每条前肢的前端长着两个指头，指头上的利爪像人的手指一样长。没人知道暴龙的前肢有什么作用，它们的前肢甚至够不到自己的嘴巴。古生物学家认为，也许它们在休息够了以后需要用前肢支撑着起身。

# 镰刀龙

**镰**刀龙是以它们那长长的像镰刀一样的大爪子而闻名于世的。那大大的"镰刀"最长可达75厘米，如果用它们来割草，估计会很好用吧！

## 恐龙界的"四不像"

镰刀龙生活在中国和蒙古国的戈壁沙漠。它们的头和脚像原蜥脚类恐龙，但是牙齿和其他咀嚼构造却近似于鸟臀类恐龙。镰刀龙的腰带结构既不像蜥臀类恐龙，也不像鸟臀类恐龙；它们的前肢形态又与兽脚类恐龙相似。鉴于以上特点，镰刀龙被视为恐龙界的"四不像"。

## "我很暴躁，别惹我"

我们看到镰刀龙的巨爪就能够猜出，这是它们打斗时最有力的武器。每当遇到敌人时，它们就会立即站立起来，伸开双臂，向敌人展示它们那尖利的巨爪，以起到威胁和恐吓的作用。它们的性情非常暴烈，稍有不合就会大打出手。镰刀龙的奔跑速度也很快，是一种十分危险的恐龙。

## 与众不同的行走方式

镰刀龙的前肢与后肢长度相近，所以，部分生物学家认为它们的行走应该是靠四足，像大猩猩那样。但是也有学者

认为它们是靠双足行走的，因为它们的前肢不够健壮，不容易支撑起那沉重的身体，况且它们那镰刀一样长而尖的爪子走起路来也比较碍事。

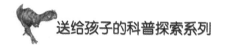

# 窃蛋龙

<big>窃</big>蛋龙是一种和鸟类极为相似的恐龙，它们身长约2米，长有尖尖的爪子和长长的尾巴。

 **恶名的由来**

1923年，古生物学家安德鲁斯在蒙古国的戈壁中发现了一具恐龙骨架，而在这具骨架的不远处有一窝原角龙蛋的化石，这只恐龙貌似正贪婪地望着这些蛋，似乎已经忍不住要下口了。人们根据这一发现，就给它们起了个很不文雅的名字：窃蛋龙。

但后来研究发现，那窝蛋并非原角龙蛋，而是窃蛋龙蛋。原来，窃蛋龙不仅不偷蛋，反而还会孵蛋呢！

 **健步如飞**

别看窃蛋龙体形小巧如火鸡，可它们的前肢十分强壮，两条前肢的掌上各长有3根手指，每根手指都尖锐而有力；后肢细长，后蹬力很大，使它们奔跑起来速度极快，动作敏捷。在快速奔跑时，它们长长的尾巴可以保持身体的平衡。

 **自身的利器**

窃蛋龙不像暴龙或其他肉食性恐龙那样长有锋利的牙齿，但它们有着强而有力的喙。那大而弯曲的喙坚硬得能够轻易击碎骨头，使得窃蛋龙可以轻而易举地吃到介壳类动物那坚硬外壳包裹下的鲜美的肉。

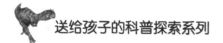 

# 慈母龙

**慈**母龙的英文名的意思为"好妈妈蜥蜴"，它们生活在白垩纪末期，是典型的鸭嘴龙类恐龙。

##  外形特征

慈母龙拥有憨憨的外形。它们体形较大，有一个形似马头的长脑袋，眼睛的上方长着一个小小的装饰性的实心骨质头冠，喙部形似鸭嘴。它们的喙部没有牙，但是嘴里两边有牙。它们的前肢较细，且短于后肢，所以在四足着地时，臀部就显得比较高了。

## 生活习性

慈母龙是植食性恐龙，它们集体生活在森林里，以各种植物的果实和种子

为食。这些特征让慈母龙看起来很善良，也十分符合它们的"慈母"形象。

 ## 名副其实的"慈母"

慈母龙把蛋产下来以后，就会守在窝的旁边严加看守，以防蛋被其他恐龙偷走，有时候还会趴在上面以保持蛋的温度。这种不辞辛苦的母爱在整个恐龙世界里都非常罕见。

生育完子女还没有结束，慈母龙还要在巢中保护孵化出来的小慈母龙很长一段时间，才让它们离开。鉴于这种对孩子的无微不至的关怀和付出，慈母龙确实无愧于"慈母"的称号。

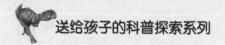
# 木他龙

木他龙又被称为穆塔布拉龙，它们生活在白垩纪早期，是植食性鸟脚类恐龙。

## 独特的脚

木他龙脚中间的3根脚趾融合在一起，呈蹄形；拇指和鸟类的爪子一样锋利而尖锐。它们的脚独特而有力，能够支撑它们那庞大的身体向前移动，两只强壮的后脚甚至可以承载全身的重量而令其站立起来吃到高处的植物。

## 不折不扣的"大胃王"

为了积蓄足够的能量来抵御严寒，木他龙每天都会大量进食，食量十分惊人——一只体重4.5吨的木他龙每天能吃掉500千克的食物。为了满足自己巨大的食量，它们不得不定期迁徙，一路走一路吃，将所到之处的植物统统吃进腹中，真是不折不扣的"大胃王"啊！

# 绘龙

**绘**龙生活在距今8000万～7500万年的白垩纪晚期，属于植食性恐龙，是甲龙的一种。其化石发掘于中国的北部和蒙古国的戈壁，于1933年被命名。

 **外形特征**

绘龙体长约5米，是一种中等大小的甲龙类恐龙，但是身形要比一般的甲龙显得细长。它们拥有长长的尾巴，尾巴末端有骨锤，在遇到危险的时候可以作为武器防身。

 **生活习性**

从发现的骨骼化石来看，它们的牙齿比较小，也不是很尖锐，所以人们推测它们只能吃一些柔软的植物。

# 科学帮你揭开自然的秘密！

**奇趣·小·百科**　你不知道的百科内容都在这里哦！

**自然百科音频**　随时随地畅听科普知识。

**科学冷知识**　你需要知道的冷知识都在这里哦！

**好书推荐**　看不够的经典作品等你来。

微信扫码

添加【智能阅读向导】

送给孩子的**科普探索系列**

SONG GEI HAIZI DE KEPU TANSUO XILIE

# 动物百科

国内知名科普作家、动物学者**陈尽**审阅

刘敬余/主编

北京出版集团
北京教育出版社

**图书在版编目（CIP）数据**

动物百科 / 刘敬余主编.—北京：北京教育出版社，2020. 8
（送给孩子的科普探索系列）
ISBN 978-7-5704-2607-2

Ⅰ.①动… Ⅱ.①刘… Ⅲ.①动物 – 儿童读物 Ⅳ.①Q95–49

中国版本图书馆CIP数据核字（2020）第142502号

# 送给孩子的科普探索系列
## 动 物 百 科

刘敬余 / 主编

\*

北 京 出 版 集 团
北 京 教 育 出 版 社　出版
（北京北三环中路6号）
邮政编码：100120
网址：ｗｗｗ．ｂｐｈ．ｃｏｍ．ｃｎ
北 京 出 版 集 团 总 发 行
全 国 各 地 书 店 经 销
天津千鹤文化传播有限公司印刷

\*

880mm×1230mm　32开本　10印张　220千字
2020年8月第1版　2022年4月第3次印刷

ISBN 978-7-5704-2607-2
定价：60.00元（全四册）

# 目录

CONTENTS

**第一章** 认识动物

动物的演化与分类 / 2

动物的活动类型 / 4

动物的语言 / 6

**第二章** 无脊椎动物

分身有术的"星星"——海星 / 10

盔甲兵——蟹 / 12

网上杀手——蜘蛛 / 14

温柔美丽的海洋杀手——水母 / 16

陆地上的"小海螺"——蜗牛 / 17

松土高手——蚯蚓 / 18

**第三章　脊椎动物**

鱼类中的"魔鬼"——鳐鱼 / 20

鱼类中的艺术品——金鱼 / 22

游动的毒药罐子——河鲀 / 23

伪装大师——海马 / 24

水中仙子——神仙鱼 / 25

长"翅膀"的鱼——飞鱼 / 26

两栖动物中的活化石——大鲵 / 28

我们不是鱼——鳄鱼 / 30

背壳的寿星——龟 / 32

伪装专家——变色龙 / 34

优雅的绅士——企鹅 / 36

坚贞爱情的楷模——天鹅 / 38

横行霸道的鸟——巨嘴鸟 / 40

鸟类中的模特——孔雀 / 42

大嘴巴的捕鱼高手——鹈鹕 / 44

跳水健将——翠鸟 / 46

空中杂技演员——蜂鸟 / 48

空中的"滑翔机"——信天翁 / 50

鸟中蓝精灵——冠蓝鸦 / 52

哈利·波特的宠物——雪鸮 / 54

吊巢建筑师——织巢鸟 / 56

唯一的卵生哺乳动物——鸭嘴兽 / 58

讲卫生的"小偷"——浣熊 / 59

中国的国宝——大熊猫 / 60

百兽之王——狮子 / 62

美丽的智多星——狐 / 64

大尾巴的小动物——松鼠 / 66

机灵的刺球——刺猬 / 68

运动高手——鹿 / 70

最挑食的家伙——树袋熊 / 72

爱美的海兽——海獭 / 73

# 第一章
# 认识动物

世界上的动物千奇百怪，有的长着漂亮的翅膀，有的拖着长长的尾巴，有的有8条腿，有的有有力的鳍。你想了解动物界的奥秘吗？我们一起认识认识这些奇妙的动物吧！

# 动物的演化与分类

众所周知，所有的生物都起源于海洋，动物也是在海洋中孕育而来的。目前已知的动物约有150万种，它们分布在地球上的各个地方。

##  动物的演化

30多亿年前，蓝藻出现在海洋中，单细胞生物登上历史舞台。25亿年～5亿年前，多细胞生物大量出现。直到约5亿年前，最早的脊椎动物——原始鱼类才出现。之后，一些鱼类演化成了两栖动物，它们的成体开始适应陆地生活。2.8亿年～1.3亿年前，爬行动物开始蓬勃发展，出现了大型肉食性爬行动物和植食性爬行动物。这一时期，恐龙称霸天下，原始的哺乳动物和鸟类也开始出现。大约6500

万年前至今，中生代的巨型爬行动物已经灭绝，哺乳动物和鸟类日益繁盛。

 **动物的分类**

动物学家根据动物体内有无脊柱，将其大致分为无脊椎动物和脊椎动物两大类。无脊椎动物即体内没有脊柱的动物，如各种昆虫以及海洋中的水母、章鱼等。脊椎动物体内有脊柱，相对而言，它们进化得更为高级，身体构造更加完善，狮子、老鼠、青蛙等都属于脊椎动物。

动物学家根据动物形态、解剖的相似性和差异性，将动物逐级分类。由大到小，有界、门、纲、目、科、属、种等几个重要的等级。比如，豹属于动物界—脊索动物门—哺乳纲—食肉目—猫科—豹属。

# 动物的活动类型

大多数动物都可以自由活动。动物的活动类型主要有捕食、繁殖、防御、迁移、冬眠与夏眠等。

## 捕食

捕食是动物捕猎、进食的活动。动物的食性不同，动物可以分成肉食性动物、植食性动物与杂食性动物。肉食性动物主要吃肉，有的也喝血；植食性动物只吃植物，不吃肉；杂食性动物既吃肉，也吃植物。

## 繁殖

繁殖指动物生育小宝宝的活动。生育宝宝的重担大多由妈妈承担，也有些由爸爸负责，如海马、海龙。

在繁殖期，雄性动物会想方设法博得雌性动物的好感。雄性动物献殷勤的方式很多，以鸟为例：它们中的有些会不遗余力地展示自己漂亮的羽毛；有些会卖弄自己的歌喉；有些则会到人类那里偷些闪亮的项链、布片等作为"定情信物"。

雄燕鸥向雌燕鸥赠送食物

## 防御

动物在面对外来侵略时，会用各种方法保护自己，有的动物也会对本族群中其他成员发出警报，这就是防御。动物的防御方式有保护色、拟态、释放特殊物质、威慑、装死、自割等。

## 迁移

动物迁移指动物由于繁殖、觅食、气候变化等原因离开栖息地，发生一定距离的移动，如候鸟的迁徙、鱼类的洄游等。当生存环境恶化时，有些动物也会离开"老家"，寻找新的家园，这也是一种迁移。

## 冬眠与夏眠

冬季，天寒地冻，蛇、蛙等动物为了适应冬季严酷的环境条件，会通过"睡觉"来维持生存，它们的生命活动会处于极度降低的状态，这就是冬眠。夏眠则是一些动物为了适应酷热和干旱季节，通过躲在阴凉潮湿的地方"睡觉"来维持生存的现象，非洲肺鱼就是典型的夏眠动物。

象群迁移

# 动物的语言

在动画片里，小动物能用人的语言进行交流，不过这都是人们的想象，即使是会学人说话的八哥、鹦鹉，也只是单纯地学舌而已。那么，动物有自己的语言吗？如果有，它们的语言有什么特点呢？

## 有声语言

与人类一样，很多动物都是靠发出的声音来互相交流的。黄鹂有甜美的歌喉，在繁殖期间，它们的歌声尤为动听，这其实是它们在交流。

大多数动物只能用一种呼叫方式来警告同伴危险正在逼近，而黑长尾猴能通过多种呼叫方式来传达信息。它们如遇

见豹子，会发出像狗叫一样的"汪汪"声；瞧见秃鹫，则发出一种低沉的声音；碰上逼近的毒蛇，便发出一连串急促的"哒哒"声。

## 气味语言

很多昆虫都靠释放一种有特殊气味的微量物质与同伴或对手进行交流。这种微量物质称为"信息素"。人们根据它们的作用进行了分类：用来吸引同类异性个体的性信息素；通知同伴对劲敌采取防御和进攻措施的告警信息素；帮助同类寻找食物或在迁居时指明道路的追踪信息素……

有些哺乳动物将尿撒在领地边缘，以此警告对手："这是我的地盘，离远点儿。"

☆奇趣小百科
☆自然百科音频
☆科学冷知识
☆好书推荐

扫码领取

##  肢体语言

肢体语言在动物界也很常见。蜜蜂是通过"跳舞"来告知同伴蜜源的地点、距离的。如果蜜源在百米以内，侦察蜂就会在蜂巢上交替着向左或向右爬行，跳起"圆圈舞"；如果蜜源在百米以外，侦察蜂就会跳起"8"字舞。动作越快、转弯越急，表示距离越近；动作越慢、转弯越缓，表示距离越远。

##  色彩语言

动物身上的色彩也能作为语言。雄三刺鱼在交配期间遇到雄性时，腹部会变红，以警告竞争者；遇到雌性时，背部会呈现美丽的蓝白色，以吸引心仪对象。

# 第二章
# 无脊椎动物

花园里的蝴蝶、泥土中的蚯蚓、海洋中的虾蟹、人体内的寄生虫都是无脊椎动物。它们虽然没有脊椎动物进化的程度高，但数量庞大，占动物总数的绝大部分。

# 分身有术的"星星"——海星

**海**星是一种非常美丽的动物，它们生活在海洋中，但不会游泳，依靠腕在潮间带的礁石或海底爬行，主要以扇贝、牡蛎等双壳动物为食。

## 海星的外形

海星俗称"星鱼"，它们色彩鲜艳，非常美丽。海星身体扁平，由中央盘和5条腕组成，是典型的五辐射对称动物。海星体表粗糙，有许多较粗大的棘、很小的叉棘和泡状的皮鳃。棘和叉棘可以清除体表的沉积物，而皮鳃与体腔相通，有呼吸和排泄的功能。

## 古怪的取食方式

海星是种奇妙的动物，嘴长在身体正面中央，肛门在身体背面中央。它们吃东西的样子非常奇特，胃能从身体里翻出来，把食物裹住，并分泌消化液进行消化，等到食物完全消化后，胃再缩回体内。

## 高超的"分身本领"

海星还有高超的"分身"本领。它们用腕来行走，在遇到危险时能弃腕逃生，一段时间后，缺损的腕会重新长出来。有些种类的海星还能通过单独的腕再生出一个完整的身体，还有一些种类的海星，其中央盘可以分裂成两个部分，然后每个部分再各自长出完整的中央盘和其他腕。

海星的再生能力真令人难以置信！

# 盔甲兵——蟹

**蟹**一身"盔甲"，挥舞着一对大钳子，看起来十分凶猛。谁要是不小心招惹了它们，肯定会遭殃。

##  寄居蟹

寄居蟹与海螺

寄居蟹既像虾，又像蟹。它们腹部缺乏甲壳保护，非常害怕敌人的攻击，所以它们就向海螺进攻，将海螺肉吃掉，自己住进坚硬的海螺壳里，以增强防御能力。但是，即使这样，它们还是常常被其他凶狠的海洋动物吃掉。

##  拳击蟹

拳击蟹主要生活在珊瑚礁附近。当受到敌人威胁时，它们用螯抓住有毒的海葵，就像戴着拳击手套的拳击运动员一样，用戴着"海葵手套"的"拳头"在敌人面前挥舞，利用海葵有毒的触手将敌人吓跑。

寄居蟹

**招潮蟹**

每当大海落潮后，就会有大量的招潮蟹从洞中钻出来到沙滩上觅食。可是，当下一次潮水即将到来时，它们在沙滩上的一切活动就会停止，并迅速返回洞中，于是人们就给它们起了"招潮蟹"这个有趣的名字。

 **螃蟹横行之谜**

在海边，我们总能看见螃蟹举着大钳子"横行霸道"。其实，螃蟹的身体构造决定它们只能横着走路。螃蟹行走时只能先弯曲一侧的步足，以抓住地面，再用另一侧的步足推动身体移动。实际上，螃蟹的行走路线并不是标准的横向，而是向侧前方的。

另外，螃蟹横着走和其身体的长宽比例也有一定关系。螃蟹的整个身体宽宽的，而且是扁平的，横着行走使螃蟹能够以较低的能耗、较快的速度进入狭长的洞穴，躲避敌人的攻击。

# 网上杀手——蜘蛛

**蜘**蛛属节肢动物门蛛形纲。大多数蜘蛛都会织网。

### 织网高手

很多蜘蛛都是织网高手。它们的网看上去弱不禁风，但实际上能够承受蜘蛛自身体重几千倍的重量。

有些蜘蛛还会织出像篮子、渔网和漏斗一样的网。不是所有蜘蛛都会织网，花蟹蛛、跳蛛就不会织网。

蜘蛛在草上、树枝间或屋檐下来来回回地吐丝结网，结好网后，它们会在网的附近结丝窝，然后就躲在窝里，等着捕捉落在网上的小虫。

## 心狠手辣的"杀手"

蜘蛛在捕食或对战时，会将螯牙刺入对手体内，将对手麻醉或杀死。它们还会从嘴中吐出具有强烈腐蚀性的消化液，这种液体会使猎物的五脏六腑液化，这时蜘蛛再通过口把鲜美的肉汤吸入体内。这种猎杀的手法快速又残忍。部分蛛类甚至会自相残杀。

## 意志坚强的"耐饿高手"

蜘蛛并不能经常捕到猎物，在没有猎物的日子里，它们只好忍受着饥饿。此时，它们新陈代谢的速度比较缓慢，需要的能量也极少，这种生活习性使它们成为真正的"耐饿高手"。

# 温柔美丽的海洋杀手——水母

水母是一种低等动物，常常漂浮在海面上，随波逐流。水母在地球上已经存在6亿多年了。

 **致命的触手**

水母看起来很温顺，其实十分凶猛。它们长着许多长长的、有毒的触手，触手上布满了刺细胞，像毒丝一样，能够射出毒液。猎物被刺蛰了以后，会迅速麻痹而死。

 **多种多样的水母**

水母的种类较多，每种水母都有自己的特征。箱水母模样似箱子，是目前所知的毒性极强的生物之一。海月水母是一种典型的漂流水母，它们外形美丽，极具观赏性。桃花水母在水中游动时，其形状如漂浮在水中的桃花的花瓣，且多在早春桃花盛开的时节出现。

# 陆地上的"小海螺"——蜗牛

蜗牛是腹足纲的软体动物，有一个可以保护身体的壳。它们主要以植物为食。

 **身体结构**

蜗牛的壳呈低圆锥形，腹面有一只扁平而肉质的足。蜗牛的头上长着两对可以伸缩的触角，前一对触角较小，上面有一些感觉器官；后一对触角的顶端有眼睛。

蜗牛是世界上牙齿最多的动物。在蜗牛的小触角中间往下一点儿的地方有一个小洞，那就是它们的嘴巴。虽然它们的嘴巴和针尖儿差不多大，但是嘴里却有数不清的牙齿。

**生长环境**

蜗牛喜欢在阴暗潮湿、疏松多腐殖质的环境中生活，昼伏夜出。它们受到敌害侵扰时，会缩回壳内来保护自己。

# 松土高手——蚯蚓

**蚯**蚓的身体细细长长，滑溜溜的，身上有节，属环节动物门。是松土高手，也是上佳的鱼饵。

 **环节动物**

蚯蚓的身体由许多形态相似的体节构成，这被科学家称为分节现象。这并不是为了好看，而是高等无脊椎动物在进化过程中的一个重要标志。

**神奇的无脚怪**

蚯蚓喜欢温暖、阴暗、潮湿的环境，喜爱独自生活。它们没有脚，也没有骨骼，靠体节的伸缩来移动身体，达到爬行的目的。

蚯蚓还是雌雄同体的动物，具有再生能力，被一切为二的蚯蚓还能活着。

# 第三章
# 脊椎动物

　　脊椎动物由软体动物进化而来，结构最复杂，进化地位最高，形态结构彼此悬殊，生活方式千差万别。脊椎动物包括圆口类、鱼类、两栖动物、爬行动物、鸟类和哺乳动物等六大类。

# 鱼类中的"魔鬼"——鳐鱼

**鳐**鱼是多种扁体软骨鱼的统称，身体呈单色或具有花纹，多数种类的脊部有硬刺或棘状结构，有些尾部内长有发电能力不强的发电器官。

## 鳐鱼的外观

1亿年前，鳐鱼本是鲨鱼的同类，后来为了适应海底的生活环境，免遭敌人的攻击，它们就常常将自己埋在海底的泥沙中。久而久之，鳐鱼的身体周围演化出了一圈像扇子一样的胸鳍，游动时，鳐鱼的胸鳍如波浪般上下浮动，整个身体就像巨大的幕布漂浮在水中。

## 令人惧怕的"魔鬼鱼"

鳐鱼的体形差异极大，较小的鳐类成体仅50厘米左右，而大鳐身长却可以达到2米以

双吻前口蝠鲼

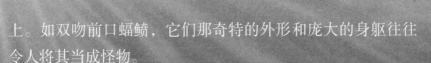

上。如双吻前口蝠鲼，它们那奇特的外形和庞大的身躯往往令人将其当成怪物。

在愤怒与挣扎时，双吻前口蝠鲼庞大的身躯能轻易地将小船破坏或掀翻，令人惧怕。人们因此称其为"魔鬼鱼"。

## 致命的武器

鳐鱼的性情比较温和，不凶悍，更不会主动攻击人类。但是如果游泳者或潜水者不小心惊醒了埋在泥沙中的鳐鱼，那可就危险了。受到惊吓的鳐鱼常常会迅速地用已退化成鞭形的尾巴攻击来犯者。许多鳐鱼尾巴上有坚硬的毒刺。这种毒刺一旦刺向其他动物，被刺动物的伤口就会剧痛无比，如果抢救不及时，被刺的动物甚至会有生命危险！

# 鱼类中的艺术品——金鱼

**金**鱼体态轻盈，色彩艳丽，游起来姿态优美，给人以极大的审美享受，是著名的观赏鱼类。我国是金鱼的故乡。

## 各异的头

金鱼的头大致分为三种：一种头部皮肤薄而平滑，没有突起，是"平头型"；一种头的两侧皮肤薄而平滑，只有头顶上有突起的厚厚的肉瘤，与家鹅的头部极为相似，是"鹅头型"；还有一种头顶和两鳃上都布满了厚厚的肉瘤，有的肉瘤甚至能把眼睛遮住，是"狮头型"。

"鹅头型"金鱼

## 形形色色的眼睛

金鱼的眼睛也有不同的类型。有的金鱼眼睛大小正常，叫"正常眼"；有的金鱼眼睛非常大，大到都突出了眼眶，这种类型的眼睛被称为"龙眼"；有的金鱼眼睛不仅突出眼眶而且瞳孔朝天，叫"朝天眼"；有的金鱼在突出眼眶的眼睛外侧还长有半透明的小泡，猛一看去就像长了四只眼睛，叫"水泡眼"。

# 游动的毒药罐子——河鲀

**河** 鲀又称"气泡鱼"，因为这种鱼遇到危险的时候，会往自己身体里注满水和空气，从而吓走敌人。

## 自动充气

当渔民的渔网捕捞到河鲀并将之倒在岸上时，河鲀会迅速地吸气，并膨胀成圆鼓鼓的状态——诈死，人们觉得它们这个样子很奇怪，会不由自主地用脚一踢，这无形中帮了它们大忙——它们顺势一滚，逃回水中，瞬间消失得无影无踪。

## 游动的毒药罐子

河鲀的肉是无毒的，但是血液、生殖腺及肝脏有剧毒。在日本，每年都有不少人因食用河鲀而中毒。

与蛇毒、蜂毒等毒素一样，河鲀毒素也有其有益的一面，可以入药。

# 伪装大师——海马

**海**马的模样可爱又滑稽，小小的身躯上有一个大大的酷似马脑袋的头，那神情很是骄傲呢！

 **不像鱼**

海马属硬骨鱼纲。它们除了有酷似马头的脑袋之外，还像虾一样有弯曲的身子，像猴子一样有高高翘起的尾巴。这些稀奇古怪的器官组合在一起，使海马完全脱离了鱼类的一贯形象，简直可以说它们是最不像鱼的鱼了。

 **善于伪装**

海马特别善于伪装。当它们用卷曲的尾巴将自己固定在海藻或岩石上的时候，如果不仔细瞧，敌人还真以为它们是海藻或岩石呢！

 **爸爸当妈妈**

海马是动物界中由爸爸孵育下一代的物种之一。海马爸爸的育儿袋里每次可装二三百只小海马，从海马妈妈将卵产在海马爸爸的育儿袋里到小海马孵出，要十几天的时间。

# 水中仙子——神仙鱼

游动中的神仙鱼体态优雅，既像仙子在水中畅游，又像燕子在飞翔，所以神仙鱼又有"燕鱼"这一别名。

##  神仙鱼的外形

神仙鱼身长12～15厘米，身体扁扁的，头也尖尖的，整个身体看上去呈菱形。它们的背鳍和臀鳍就像三角帆一样挺拔。神仙鱼游动时仿佛在向大家宣布："小帆船起航了！"

##  "老好人"也发威

神仙鱼的性格十分温和，从不侵犯其他鱼类，同类之间也从不争斗。然而有些调皮的鱼类，如虎皮鱼和孔雀鱼，喜欢咬神仙鱼的臀鳍和尾鳍，来挑战它们的好脾气，这让它们很无奈。

它们在产卵之前会找到一片自认为安全的区域作为领地，如果有谁胆敢侵犯或闯入，它们就会摆出拼命的架势，直到将敌人驱赶出去。看来神仙鱼并不总是"老好人"哪！

# 长"翅膀"的鱼——飞鱼

飞鱼，以能"飞"而著名，长可达45厘米。它们常常成群地在海上"飞翔"，破浪前进的情景十分壮观，是一道亮丽的风景线。

##  长相奇特的鱼

飞鱼的胸鳍特别发达，看起来就像鸟类的翅膀一样。它们长长的胸鳍一直延伸到尾部，整个身体像织布用的"长梭"。它们凭借自己流线型的优美体形，能在海面上以每秒10米的速度高速"飞翔"。

飞鱼能够跃出水面十几米，在空中停留的时间可为40多秒，一次飞行的距离可为400多米。飞鱼背部的颜色和海水接近，所以它们经常在海面活动却不易被捕食者发现。

## 会"飞"的秘密

很久以来，人们一直以为飞鱼是在飞翔。其实，飞鱼并不会飞翔，它们只是在空中滑翔。每当飞鱼准备离开水面时，它们会先"助跑"一下——在水中高速游泳。这时，它们的胸鳍会紧贴身体的两侧，身体就像潜水艇一样稳稳上升。上升到一定程度，飞鱼就用尾部用力拍水，使整个身体好似离弦的箭一样向空中射出。腾跃出水面后，它们会打开又长又亮的胸鳍与腹鳍快速向前滑翔。看过飞鱼滑翔的人都

知道，它们的"翅膀"并不扇动，
靠的是尾部的推动力在空中短暂地
"飞行"。

## 特殊的逃跑技能

　　海洋鱼类的大家庭并不总是平静的，飞鱼是生活在海洋上层的中小型鱼类，是鲨鱼、金枪鱼等凶猛鱼类争相捕食的对象。在长期的生存竞争中，飞鱼"练"成了一种十分巧妙的逃避敌害的技能——跃水"飞翔"。

　　飞鱼这种特殊的逃生手段并不是绝对可靠的。在海上"飞行"的飞鱼尽管逃脱了海中之敌的袭击，但也常常成为在海面上守株待兔的海鸟的盘中餐。另外，飞鱼具有趋光性，夜晚若在船的甲板上挂一盏灯，成群的飞鱼就会循光而来，自投罗网地撞到甲板上。

# 两栖动物中的活化石——大鲵

大鲵是现存的两栖动物中体形最大的一种，身体扁平而肥壮，是国家二级重点保护野生动物。

## 活化石

大鲵主要分布在我国山西、陕西、河南、四川、浙江、湖南、福建、广东、广西、湖北、安徽、甘肃、江苏、江西、青海、河北、贵州等地。它们的祖先在大约3.5亿年前就已经出现了，因此大鲵也有"活化石"之称。大鲵很长寿，如果生活安逸，不受到外来的伤害，有的能活100多年呢！

##  大鲵的外观

大鲵的头部宽阔扁平，眼小口大，体粗壮，尾巴扁长，体表较光滑，四肢短小，游泳时靠摇动躯干和尾巴前进。大鲵的体长可达2米，重几十千克。

## 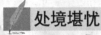 处境堪忧

大鲵再凶猛也抵挡不住人类的伤害。它们长期遭到人类的大量捕杀，这导致各地的大鲵数量急剧下降，有的地方的大鲵已经濒临灭绝了。此外，人类对大鲵栖息环境的破坏也给大鲵的生存带来了威胁。

好在人类已经意识到了问题的严重性，对大鲵展开了各种保护。有的地方为大鲵建立了保护区，有的地方人工培育了大鲵，有的地方甚至将大鲵定为当地的吉祥物。

扫码领取

☆奇趣小百科
☆自然百科音频
☆科学冷知识
☆好书推荐

# 我们不是鱼——鳄鱼

**鳄**鱼有一个桶状的身体，后面拖着长而有力的尾巴，身体前端是明显的大头。

## 扬子鳄

扬子鳄是我国特有的鳄类，为国家一级重点保护野生动物。它们身长2米左右，背部呈暗褐色，有黄斑和黄条；腹部呈灰色，有黄灰色小斑和横条；尾部有灰黑相间的粗环纹。扬子鳄通常穴居在池沼底部。

## 恒河鳄

恒河鳄又名长吻鳄、食鱼鳄，栖居在恒河等大河中。恒河鳄身体修长，体色为橄榄绿，吻极长，口中牙齿有上百颗且大小不一。恒河鳄属于大型鳄鱼，主要以鱼为食，也能捕食一些大型哺乳动物。

## 湾鳄

湾鳄身体巨大，最长可达10米，体重为1000多

恒河鳄

湾鳄

千克，是鳄类中最大的一种，生活在海岸、海湾，有时也栖息在淡水中。它们经常待在水中一动不动，伪装成浮木，吸引一些缺乏警惕性的动物上钩。湾鳄还经常采用偷袭的方法捕猎。湾鳄凶残贪婪，胃口极大，大型动物、小型动物都不放过，甚至还会吃人和吞食同种幼鳄。

## 凶恶的捕食者

鳄鱼们都有带着"钢刺"的尾巴，一张血盆大口里面还有钢钉般的牙齿。它们潜入水中时，眼睛和鼻孔仍能露在水面上，因此那些到河边喝水的动物或取水的人，往往会在毫无警觉的情况下，被鳄鱼咬住并拖入水中淹死。

*海龟*

# 背壳的寿星——龟

**龟** 主要分布在热带、亚热带及温带等较温暖的地区，主要以植物为食，偶尔也吃较小的动物。

## 典型特征

龟类都有一个壳。这种壳大多非常坚硬，龟的身体就藏在这种类似盒子的厚壳里。龟利用壳来保护自己，有时甚至将身体完全缩进壳里，以躲避敌害。

龟是"长寿"的象征，有些种类的龟的寿命超过150年。

## 海龟

海龟体形大，身体扁平，除了头、四肢和尾巴以外，身上覆盖着硬壳。与陆龟相比，它们的前肢很像桨，这使得海龟能在水里自由自在地遨游。它们褐色或暗绿色的脊上长有黄斑，头顶上长有前额鳞。除了产卵和晒太阳，海龟通常很少上岸。

## 鳖

鳖俗名甲鱼，游动迅速，性情比较凶猛。它们的背甲是皮肤而不是硬壳。这样的皮肤在水中能辅助呼吸，使它们能够在水下待较长的时间。

夏秋之际，鳖会爬上河滩，在松软的泥地上挖个浅坑，伏在上面产卵。有趣的是，如果鳖产卵的地方离水面比较近，就预示着近期不会有洪水；如果鳖产卵的地方离水面较远，就说明水位要升高，将有洪水。鳖真可谓"气象预报专家"。

## 侧颈龟

侧颈龟的身体呈灰色，体长30厘米左右。侧颈龟不像大多数龟类那样能将头和颈都缩进壳内，它们的头部缩入壳内时，颈部向一侧弯曲，因而得名。

# 伪装专家——变色龙

**变**色龙是蜥蜴的一个类群，以捕食昆虫为生，因肤色"善变"而闻名于世。

 **外形特征**

变色龙体长17～25厘米，也有较大者身长可达60厘米。它们身体两侧都是扁平状，尾巴细长，可卷曲。有些品种的变色龙头部有较大的突起，极像戴了头盔。有的变色龙头顶长着色彩鲜艳的"角"，就像戴着鲜亮的头饰一样。

 **为什么变色**

变色龙利用变色来对敌人进行警告，与朋友进行沟通。它们的皮肤还会随着温度的变化和心情的改变而变换颜色。接近猎物或天敌来犯时，它们更会伪装自己，将自己融入周围的环境之中，让猎物或敌人无法发现。

那么，变色龙变色的秘诀是什么呢？原来，与其他爬行类动物不同，变色龙的皮肤有三层色素细胞。这些色素细胞中充满了不同颜色的色素：最里面的一层是黑色素，中间一层是蓝色素，最外层主要是黄色素和红色素。

## 捕食工具

变色龙舌头的长度几乎是它们身体的2倍。如此长的舌头非但不是它们的累赘，反而是它们最灵敏、有用的"工具"。这一"工具"从伸出到缩回只需1/25秒，速度简直快如闪电；另外，它们舌头的尖端可以分泌出大量黏液，昆虫一旦粘到上面就再也别想逃脱。变色龙也正是因为拥有这一好用的"工具"才能每日饱餐而归。

# 优雅的绅士——企鹅

**企**鹅身体肥胖，生活在寒冷的南极。目前已知的企鹅共有18种，有王企鹅、帝企鹅、阿德利企鹅、帽带企鹅、黄眼企鹅、麦哲伦企鹅等。

 **结构独特**

企鹅羽毛密度比同一体形鸟类的大3～4倍，这些羽毛的作用是调节体温。企鹅双脚的骨骼坚硬，翼很短，这使它们可以在水底"飞行"。由于企鹅双眼有平坦的眼角膜，所以它们可在水底看清东西。

 **最不像鸟的鸟**

在所有的鸟中，企鹅是长得最不像鸟的鸟。企鹅走起路来十分滑稽，简直就像老年绅士。它们的生活方式和大多数鸟有明显的区别：它们既不能在天上飞，也不能在地上奔跑。

阿德利企鹅

斑嘴环企鹅　　南跳岩企鹅　　巴布亚企鹅　　王企鹅

　　企鹅性情憨厚，十分可爱。当人们靠近它们时，它们并不惊慌逃跑：有时若无其事；有时羞羞答答，不知所措；有时又东张西望，交头接耳。

## 潜水高手

　　企鹅是鸟类中最出色的潜水员，到了水里，企鹅似乎一下子就找到了感觉，变得异常灵活。它们的翅膀变成了桨，脚也变成了尾鳍。靠着流线型的体形，它们在水里来去自如。不过，企鹅毕竟不是鱼，和别的鸟一样，它们也要呼吸空气。企鹅无法一直待在水中，不过可以在水下一口气待20分钟左右。

帝企鹅

37

# 坚贞爱情的楷模——天鹅

**天**鹅是一种大型游禽。它们在水中游动时神态庄重，飞翔时长颈前伸，徐缓地扇动双翅。在野生环境中，天鹅能活20年，人工圈养的天鹅可活50年以上。

##  飞行高手

天鹅身体很重，为了能够顺利起飞，它们往往要在起飞之前在水面或地面上奋力向前跑一段距离。天鹅的飞翔能力极强，能远距离迁徙。飞翔的时候，它们的长颈保持平直，微微上扬，双翅优雅地扇动。

天鹅是候鸟，而且排队飞行比单独飞要省力。它们在飞行的时候会排成"人"字形，这样队员们所受的空气阻力会降低。

## 道德楷模

天鹅无论是外出觅食还是休息，都会成双成对地在一起，有时雄天鹅还会替雌天鹅从事孵化工作。

若是遇到敌害，雄天鹅会立即奋不顾

身地拍打着翅膀上前迎敌，勇敢地与对方搏斗。如果天鹅的伴侣不幸死亡，它会为伴侣"守节"，日后独自生活，绝不再找其他伴侣。

天鹅夫妇对后代也十分负责。它们为了保卫自己的巢、卵和幼雏，敢与狐狸等动物进行殊死搏斗。

## 现实中的"丑小鸭"

从童话故事中我们就可以知道：天鹅的幼雏和成鹅的形态是完全不同的。幼雏的脖子很短，身上布满了灰色或褐色的稠密的绒毛，有的还长有暗色的杂纹，看起来极其不起眼，但是经过成鹅的精心照料，两年之后，这些幼雏就会长成美丽的天鹅。

# 横行霸道的鸟——巨嘴鸟

巨嘴鸟体长70厘米左右，羽毛华美，因为生有大嘴，故得名"巨嘴鸟"。

 ## 大嘴名气响当当

巨嘴鸟的嘴巴又长又厚，大得出奇，几乎占了体长的1/3，颜色鲜艳，边缘有锯齿，尖端弯曲。它们的嘴虽然很大，但重量非常轻，还不足30克。这是因为它们嘴的构造很特别，中间布满了多孔海绵状组织，有一层薄薄的角质覆盖在外面，因此既坚硬又轻巧。

巨嘴鸟是一种羽毛多彩的鸟类，不同种类的巨嘴鸟拥有的羽毛的颜色也不相同，但同样鲜艳，像彩虹一般令人印象深刻。

## 叫声难以入耳

很多人都认为鸟类的叫声应该是婉转动听的，但是巨嘴鸟的声音却完全不是这样。它们的声音不仅不悦耳，甚至很难听。有的声音类似于蛙叫，有的声音就像狗吠，有的声音像人在咕哝低语，有的声音像闹钟的嘀嗒声……有的巨嘴鸟甚至能发出极其尖锐刺耳的声音，让人一听就起鸡皮疙瘩。

## 懒惰霸道

　　巨嘴鸟非常懒惰，不愿自己付出劳动建筑巢穴。一有时间，它们就自由自在地追逐游玩，边飞行边寻找巢穴。如果找到了天然的洞穴或啄木鸟等鸟类的弃巢，它们就会万分高兴，欣喜地乔迁新居，在那里繁衍后代。如果到了繁殖期依然没有找到合适的巢穴，它们就会变得非常烦躁，甚至会用巨嘴猛啄拥有巢穴的鸟，然后将巢穴据为己有。

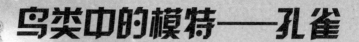

# 鸟类中的模特——孔雀

**孔**雀是世界上最美丽的鸟类之一，也是吉祥、善良、美丽、华贵的象征，深受人们的喜爱。

## 家族成员

孔雀是世界上著名的观赏鸟类，主要有三种色型：生活在我国云南西南部和南部及东南亚等地的绿孔雀；生活在印度和斯里兰卡等地的蓝孔雀；数量稀少的由蓝孔雀变异而成的白孔雀。

为什么白孔雀稀少呢？原来在雌孔雀眼里，雄白孔雀的羽毛色彩单调，没有蓝孔雀和绿孔雀的羽毛颜色鲜艳，缺少吸引力，所以白孔雀的繁殖也受到了影响。

## 美丽非凡

孔雀的羽毛色彩绚烂，以翠绿、亮绿、青蓝、紫褐等色为主，并带有金属光泽。雄孔雀体长2.2米左右，包括长达1.5米的尾羽。尾上覆盖着的羽毛延长成尾屏，上面有五色金翠钱纹，开屏时非常艳丽。每当孔雀开屏时，那光彩夺目的尾羽就如同漂亮的扇子，十分引人注目。

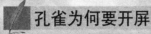

## 孔雀为何要开屏

有人认为孔雀开屏是在比美，其实不是这样的。孔雀开屏最多的时节是春季三四月份，这也是它们的繁殖季节。雄孔雀要在雌孔雀面前展示自己，好博得雌孔雀的"欢心"，这种行为是雄孔雀本身的生殖腺分泌出的性激素刺激的结果。

孔雀开屏的另一个原因就是保护自己。在孔雀的大尾屏上布满了类似"眼睛"的斑纹，一旦遇到敌人且又来不及逃避时，孔雀就会突然开屏，然后用力地抖动尾羽，发出"沙沙"的声音。这个"多眼怪兽"看起来威力极大，常会令敌人不敢近前，最后因畏惧而逃之夭夭。

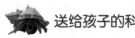

褐鹈鹕

# 大嘴巴的捕鱼高手——鹈鹕

**鹈**鹕的个头儿很大，体长可达2米，嘴长而扁，嘴下有个如袋子般的喉囊，可用来装食物。

## 捕鱼高手

鹈鹕在野外常成群活动，每天除了游泳外，大部分时间都在岸上晒太阳或耐心地梳理羽毛。它们善于游泳和飞翔，目光锐利，即使在高空飞翔时，水中的鱼也逃不过它们的眼睛。

成群的鹈鹕如果发现鱼群，便会排成直线或半圆形进行包抄，把鱼群赶向河岸水浅的地方，然后张开大嘴，浮水前进，连鱼带水一起吞入喉囊中，再闭上嘴巴，收缩喉囊把水挤出来，将鲜美的鱼吞入腹中。

白鹈鹕

## 尽职尽责的父母

每到繁殖季节，鹈鹕便选择在芦苇丛中

的浅水处或湖边泥地筑巢，有的也在树上筑巢。鹈鹕每窝产2～3枚卵，卵为白色，大小如同鹅蛋。小鹈鹕的孵化和抚育任务由父母共同承担。小鹈鹕孵化出来后，鹈鹕父母便将自己半消化的食物吐在巢穴里，供小鹈鹕食用。小鹈鹕再长大一点儿时，鹈鹕父母就将自己的大嘴张开，让小鹈鹕将脑袋伸入它们的喉囊取食。

 **卷羽鹈鹕**

卷羽鹈鹕体长1.6～1.8米；嘴呈铅灰色，长而粗，嘴的后半段为黄色，前端有一个黄色的爪状弯钩；下颌上有一个橘黄色或淡黄色的大喉囊；头上的冠羽呈卷曲状，故称"卷羽鹈鹕"。

 **白鹈鹕**

白鹈鹕比卷羽鹈鹕小，体长1.4～1.75米，体形粗短肥胖，颈部细长。与卷羽鹈鹕不同的是，白鹈鹕的嘴虽然也长而粗直，但呈铅蓝色，嘴下有一个橙黄色的喉囊；黑色的眼睛在粉黄色的脸上极为醒目；脚为肉红色。

斑嘴鹈鹕

# 跳水健将——翠鸟

**翠**鸟天性孤独，平时常独自栖息在近水边的树枝或岩石上，伺机捕食鱼、虾等。翠鸟体长约15厘米，是常见的留鸟。

## 掘洞产卵

每年4—7月，翠鸟会在水边的土崖或堤岸的沙坡上掘洞，建造自己的家。翠鸟所掘的洞有时会深达2.5米。雌翠鸟挖洞时，雄翠鸟会把鱼送来，它们配合得非常默契。翠鸟的巢室呈球状，直径约16厘米，巢内铺以鱼骨和鱼鳞等物。造完巢后，翠鸟夫妻就开始准备生儿育女。雌鸟每年春夏季节产卵，每窝可产卵5～7枚。

## 跳水健将

翠鸟不善于泅水，却是杰出的"跳水健将"。它们常常站在水边的树枝或者岩石上，静静地注视着水中游动的鱼，一旦看准了目标，它们就像出膛的子弹一样射入水中。翠鸟潜入水中后，还能保持极佳的视力，因为它们的眼睛在进入水中后，能迅速调整在水中由光线造成的视角反差，所以翠鸟的捕鱼本领高超，几乎是百发百中。当它们捕到鱼后，就像从深水下发射的火箭一样，叼着鱼快速钻出，飞回原来站立的地方。

## 家族成员

翠鸟分水栖翠鸟和林栖翠鸟两大类。两类翠鸟常采取伏击的方式捕食。水栖翠鸟是捕鱼高手，除了鱼外也捕食其他水生动物，是翠鸟中最常见的类群。林栖翠鸟包括笑翠鸟和其他几种，它们捕食各种昆虫和其他小动物。

翠鸟中体形最大的是产在大洋洲的笑翠鸟，其体长42～46厘米。之所以叫"笑翠鸟"，是因为其叫声好像人的笑声。笑翠鸟不仅会"笑"，而且以杀蛇捕鼠而著名。

白胸翡翠身长28厘米左右，颏、喉及胸部均呈白色；头、颈及下体余部为褐色；上背、翼及尾呈蓝色，鲜亮闪光。

蓝翡翠身长约30厘米，特征是头顶黑色，翅膀上有黑色的羽毛，上体为亮丽华贵的蓝紫色。

# 空中杂技演员——蜂鸟

**蜂**鸟的嘴巴又细又长，像管子，能伸到花朵里面去吸取花蜜。它们飞行采蜜时能发出"嗡嗡"的响声，与蜜蜂飞行时发出的声音相似，因而被人称为"蜂鸟"。

## 体形

蜂鸟大多个头儿很小，有的品种的蜂鸟甚至比蜜蜂大不了多少，但它们的眼睛却大而有神。它们披着一身艳丽的羽毛，有的还长着随风飞舞的长尾巴。不过并非所有的蜂鸟个头儿都小，有的品种的蜂鸟大如燕子。

## 惊人的记忆力

蜂鸟的大脑和一粒米差不多大，但蜂鸟的记忆力却相当惊人。它们不但清楚地知道自己曾采过哪些鲜花的蜜，甚至能记住采蜜的大概时间。这样，当蜂鸟又一次出去采蜜的时候，就不会浪费时间去光顾那些已经被它们采过蜜的花朵了。研究人员指出，蜂鸟是唯一的能准确记住"吃东西的地点和时间"的野生动物。

**空中杂技演员**

蜂鸟的翅膀小巧、灵活，羽毛非常轻薄，看起来几乎是透明的。这对翅膀可以以每秒50次以上的频率快速扇动。凭借着翅膀的高速拍打，蜂鸟不仅能够悬停，还能够平移似的向左、向右、向上、向下飞行，甚至还能侧飞和倒退着飞行，真不愧为空中杂技演员哪！

 **吃得多，饿得快**

蜂鸟新陈代谢的速度非常快，它们每天所需的食物远远超过它们自身的体重。为了不挨饿，它们每天必须采食数百朵花。

在夜里或花蜜不多的日子里，为了不使自己饿死，它们会本能地减慢自身新陈代谢的速度，进入一种类似于冬眠的状态，人们称这种状态为"蛰伏"。在蛰伏期间，蜂鸟可以降低自身对食物的需求。

# 空中的"滑翔机"——信天翁

**信**天翁属大型海鸟。它们在岸上表现得十分驯顺，因此，一些种类的信天翁又被人们称为"呆鸥"或"笨鸟"。

## 滑翔本领大

信天翁是全能选手，它们既能飞翔、游泳，又能在陆地上行走。但是，信天翁最拿手的是"滑翔"，它们以飞翔而著称于世。

在起风时，信天翁能够跟随船只滑翔数小时而几乎不拍一下翅膀，这是因为信天翁有特殊的肌腱，这肌腱能将伸展的翅膀固定于某个位置。

另外，它们的翅膀长度非常惊人，翼上附有25～34枚次级飞羽，相比之下，海燕仅有10～12枚次级飞羽。如此一来，信天翁的翅膀就像是极为高效的机翼，使它们能够迅速向前滑翔，而下沉的概率很低。

## 菜谱很丰富

信天翁不能在空中飞翔时捕获猎物，它们的觅食活动通

常都是在水面上进行的。有一些种类的信天翁还能像鲣鸟一样钻入水中。

信天翁是肉食性动物，菜单非常丰富，但主要以鱼、乌贼、甲壳类动物为食。

除此之外，信天翁还是出了名的食腐动物，它们经常跟随人类的船只飞来飞去，这是因为它们喜欢吃从船上扔下的废弃物。

 **优秀的父母**

小信天翁出生以后，小信天翁的爸爸妈妈会给其无微不至的爱。小信天翁的爸爸妈妈通常用储存在嗉囊里的食物来饲养幼鸟。

幼鸟出生时身上都披着淡淡的绒毛。绒毛脱掉后，它们成为长着一身卷曲浓毛的幼鸟。幼鸟全身开始变为白色，就说明长大了。这时，信天翁爸爸妈妈的职责就完成了，尽管不舍，它们也要离开孩子，因为这样小信天翁才能真正长大。

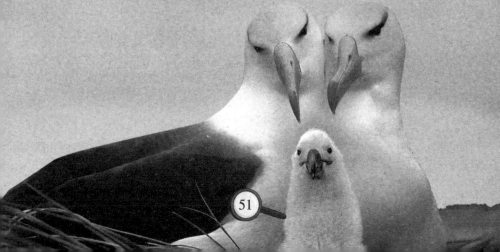

# 鸟中蓝精灵——冠蓝鸦

**像**动画片里的蓝精灵一样，冠蓝鸦的羽毛呈漂亮的蓝色。在某些国家，冠蓝鸦享有至高无上的地位，不仅被许多运动团体当作吉祥物，还被选为加拿大爱德华王子岛的省鸟。

 ## 心情好坏看冠毛

除了羽毛颜色迷人之外，冠蓝鸦头顶上的冠毛也很与众不同。与其说那是冠毛，不如说那是一张"心情晴雨表"，因为冠蓝鸦的冠毛能够随心情而变化。

当它们兴奋、进攻或求偶时，冠毛会高高地竖起；当它们受到惊吓时，冠毛会像扇子一样展开；当它们休息时，冠毛就平平地贴在头上。

 ## 远近闻名的大胃王

冠蓝鸦的个头儿虽然很小，但胃口却大得惊人。它们从来不挑食，只要是能吃的东西，像昆虫、坚果、谷物、水果、面包，甚至公园里的剩饭，都能成为它们嘴里的美味。

由于嘴馋，冠蓝鸦偶尔也会惹出一点儿小麻烦，它们有时会吃掉其他鸟类的蛋和雏鸟，或者干脆直接从别的鸟的嘴

里抢夺食物，这时其他的鸟类就会群起反击。

## 动物界的声音模仿大师

冠蓝鸦能够将很多不同的声音，如人类的说话声、其他鸟类的叫声、猫叫声和狗吠声等，模仿得惟妙惟肖，在动物"口技界"享有盛名。

冠蓝鸦虽然拥有高超的口技本领，但却不会把它当作炫耀的资本，而是用它来御敌。例如，当发现鹰和猫头鹰等掠食者入侵自己的领地时，冠蓝鸦就会发出警鸣声，以此告知同伴或者其他小型鸟类附近有危险。

# 哈利·波特的宠物——雪鸮

**作**为哈利·波特的信使和宠物，海德薇的人气很高，它聪明能干、忠诚可爱，一身雪白的羽毛能瞬间吸引人们的眼球。当然，这种白色的猫头鹰是真实存在的，其学名叫雪鸮。

## 雪鸮的外形

我们常见的猫头鹰都是棕色或褐色的，像雪鸮这种生活在高纬度寒冷地区的白色猫头鹰的确少见。它们全身主体的羽毛呈雪白色，头顶、背部、双翅及下腹则遍布着黑色的斑点，雌性雪鸮和幼年雪鸮的斑点更多，而雄性的羽毛随着年龄的增长会越来越白。

雪鸮的羽毛非常浓密，使其在零下50℃的气温下还能保持38℃～40℃的体温。在冬季，白色的羽毛还是它们良好的伪装。

## 各个器官功能大

雪鸮的头部可转动270度，这使它们将捕猎区内的小动物的一举一动尽收眼底。此外，雪鸮的听觉还非常灵敏，其眼眶周围的羽毛竖直并排成环形，这些羽毛可将声波反射到眼睛正

后方的耳孔内，即使
在茂密的草丛中或冰
雪下，它们也能仅凭声音来捕猎。

 **特殊的昼行性猫头鹰**

　　一般猫头鹰都是昼伏夜出的夜行性动物，扮演着"暗夜幽灵"的角色。但漂亮的雪鸮是特例，生活在北极圈内的它们由于极昼的关系，早已经习惯了在白天活动和觅食，这也让它们成为少有的昼行性猫头鹰。

　　在食物充足的年份里，1平方千米的地域中平均只生活着2对雪鸮，而在食物匮乏的年份里则会更少。雪鸮生活在高纬度的严寒地区，恶劣的环境常常造成食物的短缺，不过幸好雪鸮的应变能力够强，能够根据情况向南部迁徙，免受饥饿之苦。

☆奇趣小百科
☆自然百科音频
☆科学冷知识
☆好书推荐

扫码领取

# 吊巢建筑师
## ——织巢鸟

织巢鸟大小跟麻雀差不多，体长约14厘米。它们常常十几只，甚至成百上千只活动于草灌丛中。

### 热闹的大家庭

织巢鸟活泼好动，喜欢热闹，常常居住在一起，它们往往将几十个鸟巢筑造在同一棵树上。并且每到繁殖季节，它们就会重新修缮这些鸟巢，这使得有些地方织巢鸟的鸟窝非常壮观。它们每天叽叽喳喳地在一起，好不热闹。

织巢鸟除了喜欢吃植物的种子，也喜欢吃树上的小虫子，它们会在树干上跳上跳下，仔细地在树皮中找虫子吃。

### 雄鸟的"求偶装"

织巢鸟实行"一夫多妻"制，每到繁殖季节，雄鸟为了吸引心仪的雌鸟，就会穿上自己最漂亮的"衣服"，在雌鸟面前展示。但是一年中，除了在繁殖季节，雄鸟和雌鸟的羽毛都呈暗褐色，没有太大的区别。

说来也怪，每到交配期，雄鸟的身上就会出现鲜明的黄色斑纹，有的地区的雄鸟还会更加艳丽。一旦求偶成功，它们就会自动脱去"花衣服"，安心地过日子。

## 为爱甘做"房奴"

每当交配期来临的时候，雄鸟们便开始一场编织吊巢的角逐。雄鸟在编织吊巢的过程中并不专心，因为它们还要时不时地倒吊展翅，向雌鸟炫耀一番。而雌鸟则在一旁充当"监工"的角色，不但不帮忙，还会对"婚房"挑三拣四，十分注重"婚房"的品质。

如果雌鸟不满意，雄鸟就会主动拆除辛勤织起来的吊巢，并在原处重新设计并编织一个更精巧的吊巢。如果这次博得了雌鸟的赞许，它们便会定下终身大事，然后共同布置、装点"新房"。雌鸟会从入口钻进去，用青草或其他柔韧的材料装饰内部，还会在巢内飞行通道的周围设置栅栏，从而防止卵跌到巢外。

一切工作做好之后，雌鸟便在巢内安然地产卵、孵育和照料孩子。

# 唯一的卵生哺乳动物——鸭嘴兽

**鸭**嘴兽是当今世界上古老、原始且珍稀的卵生哺乳动物，现在只生存在澳大利亚的某些地方。

 **生活习性**

鸭嘴兽脚趾间长着蹼，很适合在水中生活，平时喜欢居住在水畔的洞穴中。白天它们蜷曲在洞里睡觉，傍晚在河流、湖泊里活动。它们在水、陆都能生活。

雄性鸭嘴兽后肢生有角质距，角质距中空且连接毒腺，在用后肢攻击敌人的时候能释放毒液，这个生存本领与毒蛇的生存本领类似。

**唯一卵生的哺乳动物**

作为哺乳动物，鸭嘴兽的独特之处在于它们是卵生的而非胎生的。它们一次最多可产3个卵。卵的样子有些像乌龟卵，彼此粘在一起。

约两个星期后，小宝宝出生。幼崽要经过3~4个月才能长大。雌兽孵化出幼崽后，腹部乳腺区就渗出乳汁。这时，它仰卧在地上，小兽趴在腹面上，就在那里舔食乳汁。

# 讲卫生的"小偷"——浣熊

**浣**熊个头儿较小，体长65～75厘米，体重7～9千克，栖息在池塘和小溪旁树木繁茂的地方，触觉十分灵敏。浣熊在严寒的冬季会藏匿起来。

## 讲卫生

浣熊特别讲卫生，吃东西前，总是要先把食物在水中清洗一下，这种"清洗食物"的好习惯值得我们学习。浣熊的爪子很厉害，可以捕食淡水中的虾、鱼等水生动物。

## 调皮的"小偷"

在北美洲，浣熊偶尔会闯入一些居民家中。它们会十分熟练地打开冰箱，拧开糖罐的盖子偷吃糖罐里的糖，或把放在桌子上的馅饼里的樱桃酱挖出来，美美地饱餐一顿，仿佛它们才是屋子的主人。

浣熊更是捣蛋鬼，一进居民家便东摸西拿，翻这翻那，忙个不停，直到把整个屋子搞得乱七八糟。

# 中国的国宝——大熊猫

大熊猫是我国特有的珍贵动物，也是我国的国宝。它们的脸圆圆的，酷似猫，但其体形和生活习性和熊相似，所以其本质依然为熊。

## "熊猫"还是"猫熊"

19世纪，当大熊猫的标本在法国一博物馆展出时，人们甚至认为根本不存在这种动物，认为黑白相间的毛是伪造的。

人们刚开始时对这种可爱的家伙的称呼是"猫熊"或"大猫熊"。1939年，重庆平明动物园展出了"猫熊"的标本，由于国际书写格式和中国读法存在差异，大家都将"猫熊"读成了"熊猫"，久而久之，"熊猫"就成了它们正式的名字。

## 竹熊

大熊猫以箭竹等十几种竹子为食，它们爱吃竹子的嫩茎、嫩芽和竹笋，这些都是竹子最有营养、含纤维素最少的地方。

大熊猫每天除了睡觉或小范围活动外，其余时间都在吃竹子，每天取食的时间为14个小时左右，可吃进竹子约35千克。竹子是它们赖以生存的必需品，所以人们又将大熊猫称为"竹熊"。

## 动物活化石

大熊猫的祖先早在二三百万年前就出现了。几十万年前是大熊猫的极盛时期，当时它们的栖息地覆盖了中国东部和南部的大部分地区。后来，同期的动物相继灭绝，大熊猫却存活至今。它们的后代保留了很多原有的古老特征，具有极大的科学研究价值，因此大熊猫被誉为"动物活化石"。

# 百兽之王——狮子

提起"百兽之王"，大家就会想到威震四方的非洲狮。

##  雌雄外形差异大

狮子是唯一一种雌雄两态的猫科动物，两性的外形差异极大。雄狮体长1.7～1.9米；而雌狮体形较小，体长1.4～1.75米。雄狮头大脸阔，头颈长满了极其夸张的、长长的鬃；而雌狮的头较小，头颈没有鬃。

## 高超的生存本领

非洲狮的组织纪律性很强，它们经常十几只甚至二三十只生活在一起，构成一个大家族。最有战斗力的雄狮被推为"族长"，

其余的狮子都听从它的指挥。它们这种家族制对于猎食很有利：一只有经验的狮子，从上风处向一群猎物靠近，并不停地吼叫，驱赶猎物，猎物吓得赶紧向相反的方向逃跑，然而，它们所逃向之地正是雌狮和其他雄狮埋伏好的地方。于是，斑马、羚羊等可怜的动物就成了狮子家族的美餐。

## 狮群中的狩猎者

和其他群居动物不同，狮群中的狩猎工作是由"女性"成员，也就是雌狮完成的。它们总是从四周悄悄地包围猎物，并逐步缩小包围圈，有的雌狮负责驱赶猎物，有的则埋伏在一旁准备突然袭击。

由于分工不同，雄狮似乎一天有20个小时都在睡觉和休息，其实这是因为雄狮要负责保卫狮群的安全。雄狮威武的外貌使群兽望而生畏，不敢轻易侵犯，雄狮的"工作"自然就简单、轻松多了。

# 美丽的智多星——狐

狐 是犬科动物，也是著名的中小型猛兽，常见的有赤狐和沙狐，通称狐狸。

 **狐的特征**

狐有两个特征：一是尾巴粗又长，尾尖呈白色；二是耳朵背面呈黑色，四肢的颜色比身体的颜色深。狐的毛色因栖息的环境不同而差别很大，有赤褐色的、黄褐色的、灰褐色的、红色的、黑色的和黑毛带白尖的。

 **灵敏的耳朵**

狐狸是一种食肉野兽，它们的耳朵是向前方生长的，这样有利于它们向前方搜索猎物。狐狸有了这对听觉十分敏锐的耳朵，就既能准确地辨别动静，发现和捕食小动物，又能及时地逃避敌害。

狐狸的耳朵除了能辨别动静以外，还有散热的功能。有趣的是，不同地区的狐狸，它们耳朵的大小也会明显不同。

**大尾藏玄机**

狐身上最有特点的部位就要数那条长长的大尾巴了。狐的尾巴的根部有一个小孔，这个小孔是狐最具有杀伤力的武器。每当狐遇到危险，小孔中就会放出令敌人难以忍受的刺鼻的臭气，敌人便会立刻离去。

 **适应性强**

狐的适应性很强，它们栖息在森林、草原、丘陵、半沙漠地带等各种环境中，甚至出没在城郊和村庄附近。虽然狐的腿较短，但它们跑起来非常快，不是所有的狗都能追得上它们的。

夜间，狐的眼睛能发出亮光，远看好像若隐若现的灯光。狐的警惕性很高，尤其是在生殖期间。如果谁不经意间发现了窝里的小狐，狐就会在当天晚上搬家，以防不测。

# 大尾巴的小动物——松鼠

**松**鼠是典型的树栖型小动物，体长20～28厘米，尾长14～21厘米，体重300～400克。它们乖巧、驯良、行动敏捷，非常惹人喜爱。

## 大尾巴用处多

松鼠的活动离不开身后那条毛茸茸的大尾巴。当松鼠在树上跳跃或者走动时，大尾巴可以帮助它们在空中保持平衡，松鼠还可以通过调整尾巴的朝向来改变前进的方向。当松鼠不小心从树上掉下来时，大尾巴就成了松鼠的"降落伞"，可以帮助它们安全地降落。

到了晚上或者冬天，松鼠还可以把整个身子蜷缩进尾巴里，这时大尾巴就变成了一床又松又软的大被子。烈日炎炎时，松鼠的尾巴高高地翘起，就变成了大大的"遮阳伞"。

当下水渡河时，松鼠会用树皮做船，用尾巴做帆或者舵。而在水中时，松鼠竖起的尾巴还可以帮助它们游泳。

除此之外，松鼠尾巴的摆动变化还是它们

彼此之间交流的语言。

 **脱去夏装换冬衣**

夏季，松鼠全身的毛发都会变成红色的，到了秋天则会换上黑灰色的外衣。这层冬毛会紧密地覆盖在松鼠的全身。

松鼠一年换两次毛，春天的时候脱下冬衣换上夏装，秋天的时候则换上冬装。

松鼠可不是一下子就换完全身的毛，而是按照一定的顺序，一点点地换毛。因为松鼠喜欢用后腿蹲坐着，接触地面的地方会变冷，所以换冬装时先从屁股开始，然后是背部、耳朵、脖子、四肢……就像人类穿衣服一样，井然有序。

扫码领取

☆奇趣小百科
☆自然百科音频
☆科学冷知识
☆好书推荐

# 机灵的刺球——刺猬

圆滚滚的身体，小小的脑袋，4条短短的腿，1条小尾巴，背上和体侧布满棘刺，看上去活像扎满了刺的皮球，这就是刺猬。

 **刺的妙用**

刺猬身上长着粗短的棘刺，连短小的尾巴也埋藏在棘刺中。这些刺的最大作用是防卫。当遇到敌人袭击时，刺猬的头朝腹面弯曲，身体蜷缩成一团，包住头和四肢，将刺露在外面，使袭击者无从下手。刺猬可以长时间地保持这种姿势，直到危险解除。

你别一看刺猬浑身是刺，就以为它们喜欢惹是生非。其实刺猬非常胆小，白天的时候它们很少出来，一般都躲在草

丛中或岩石缝里，直到夜晚才出来活动。

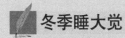

## 冬季睡大觉

刺猬有冬眠的习性。秋季即将结束时，它们便会找个温暖安全的地方睡大觉。有趣的是，睡觉的时候，它们还会像人一样打呼噜。一般情况下，直到第二年春季，气温回暖到一定程度，刺猬才会醒来。例外的是，分布在撒哈拉沙漠的沙漠刺猬有夏眠的习性。

## 不用付薪水的园丁

刺猬很淘气，在野生环境下自由生存的刺猬常常会跑到农田中偷食瓜果，破坏粮食。不过它们也有十分有益的一面。它们往往到公园、花园中去清除虫蛹、老鼠和蛇，是不用付薪水的园丁。当然，有时它们也会偷吃一两个果子，不过这点儿酬劳和它们的贡献比起来显得微不足道。

# 运动高手——鹿

**鹿** 的种类很多，分布在世界各地。由于居住地区不同，鹿在体形、毛色和角的形状上也有很大的差异。

## 鹿的习性

鹿一般生活在森林中，也有的生活在苔原、荒漠和沼泽地带。鹿一般以草、树皮、嫩枝和树苗等为食。鹿有细长的腿，善于奔跑。它们生性胆小，平时很警觉，一般白天休息，早晨和傍晚出来觅食。

## 梅花鹿

梅花鹿常常一二十只一起活动，活动范围能覆盖数十平方千米的灌木林区。如果不受外界干扰，它们不会迁徙，即使受惊外逃，不久也会返回原来的地方。雄性梅花鹿喜欢单

梅花鹿

独行动，在繁殖季节，雄鹿之间会发生激烈的争斗，胜者占有雌鹿群，但繁殖期过后，雄鹿又会单独生活。

## 麋鹿

麋鹿是一种哺乳动物，它们的毛呈淡褐色。雄麋鹿有角，它们的角似鹿、头似马、蹄似牛、身似驴，但从整体上看，它们哪一种动物都不像，因此人们便给它们起了个形象的名字——四不像。麋鹿是一种古老的生物，它们的存在历史已有300万年了。麋鹿是我国特有的珍贵动物。

## 长颈鹿

长颈鹿的身高可达6米，颈部平均长度超过2米。长颈鹿很少饮水，甚至可以几星期滴水不进，其身体所需的水分常常靠咀嚼枝叶等来供应。长颈鹿性情温和，但对敌人毫不客气，据说其赛铁锤的巨蹄能踢死一头雄狮。

长颈鹿

# 最挑食的家伙——树袋熊

**树**袋熊是一种十分奇特的树栖动物，和袋鼠一样，它们的肚子前面也有育儿袋，不过袋鼠的育儿袋是开口向上的，考拉的育儿袋开口却向下，它们是澳大利亚的国宝。

## 懒惰可爱

树袋熊是澳大利亚特有的珍稀动物。它们胖乎乎的身体有60～70厘米长，有又厚又软的绒毛、圆圆的脸、炯炯有神的眼睛，样子很像熊。树袋熊没有尾巴，所以又叫"无尾熊"。

树袋熊是大懒虫，平均每天要睡18个小时，似乎怎么睡也睡不够。它们即使睡醒了，也不愿意多活动，依然趴在树干上或坐在树上晒太阳。即使实在有事情需要走动，它们的动作也总是慢吞吞的。

## 挑食的考拉

树袋熊又叫考拉。考拉源于土著文字，是不喝水的意思。树袋熊一生，除了生病和遭遇干旱之外，其他时候，从不喝水，这是因为其唯一的食物——桉树叶中含有很多的水分。树袋熊依靠它们，就可以获取身体所需的大部分水分。

# 爱美的海兽——海獭

**海**獭身体滚圆，是海洋哺乳动物中最小的一种，善于游泳与潜水，喜欢栖息于近岸的岩礁处。

 **享用海胆有妙招**

当采到海胆时，海獭往往用两只前肢各抓一个海胆，用力碰撞它们使壳碎裂，然后舔吸海胆的内脏。对海贝这类外壳坚硬的食物，海獭会在捕获它们的同时从海底捡来石块，把海贝撞向石块，将外壳击碎，吞食贝肉。

 **枕浪而睡不轻巧**

海獭睡觉的姿势十分有趣。夜幕降临时，大多数的海獭寝于海面。它们寻找海藻丛生的地方，先是连连打滚，将海藻缠绕在身上，或者抓住海藻，然后枕浪而睡，这样可避免在沉睡中被大浪冲走或沉入海底。

 **爱美有原因**

海獭特别爱打扮，除了寻找食物和睡觉外，一般都在梳洗打扮。它们这般爱美其实是为了生存，如果皮毛脏兮兮、乱蓬蓬的，就可能因为保留不住身体的热量而被冻死。

# 科学帮你揭开自然的秘密！

**奇趣小百科** 你不知道的百科内容都在这里哦！

**自然百科音频** 随时随地畅听科普知识。

**科学冷知识** 你需要知道的冷知识都在这里哦！

**好书推荐** 看不够的经典作品等你来。

微信扫码

添加【智能阅读向导】

送给孩子的 科普探索系列

SONG GEI HAIZI DE KEPU TANSUO XILIE

# 植物百科

北师大生命科学学院博士 **李诺** 审阅

刘敬余/主编

北京出版集团
北京教育出版社

图书在版编目（CIP）数据

植物百科 / 刘敬余主编.—北京：北京教育出版社，2020. 8
（送给孩子的科普探索系列）
ISBN 978-7-5704-2607-2

Ⅰ.①植… Ⅱ.①刘… Ⅲ.①植物 – 儿童读物 Ⅳ.①Q94–49

中国版本图书馆CIP数据核字（2020）第144524号

# 送给孩子的科普探索系列

刘敬余 / 主编

\*

北 京 出 版 集 团
北 京 教 育 出 版 社   出版
（北京北三环中路6号）
邮政编码：100120
网址：**www.bph.com.cn**
北 京 出 版 集 团 总 发 行
全 国 各 地 书 店 经 销
天津千鹤文化传播有限公司印刷

\*

880mm × 1230mm  32开本  10印张  220千字
2020年8月第1版  2022年4月第3次印刷

ISBN 978-7-5704-2607-2
定价：60.00元（全四册）

# 目录

CONTENTS

## 第一章 了解植物大家庭

植物的种子 / 2

植物的根 / 3

植物的茎 / 4

植物的叶子 / 5

植物的花朵 / 6

绿色开花植物的果实 / 7

植物的光合作用 / 8

植物的呼吸作用 / 9

植物的蒸腾作用 / 10

## 第二章　感受植物的魅力

暗夜花开——月见草 / 12

月夜香氛——夜来香 / 14

无风自动——舞草 / 16

花开百日红——紫薇树 / 18

娇羞美人——含羞草 / 20

出淤泥而不染——荷花 / 22

水中贵族——睡莲 / 24

攀附的"瀑布"——紫藤 / 26

五角星花——茑萝 / 28

冬末报春——冰凌花 / 30

随风漂泊——风滚草 / 32

耐盐的植物——盐角草 / 34

苍蝇的"地狱"——捕蝇草 / 36

水上一枝花——黄花狸藻 / 38

落地金钱——锦地罗 / 40

芹叶钩吻——毒芹 / 42

毒蝴蝶——鸢尾 / 44

"流泪的树"——橡胶树 / 46

和平使者——珙桐 / 48

烧不死的树——木荷 / 50

有魔力的果实——神秘果 / 52

伪装的石头——石头花 / 54

**第三章** 走进人类生活的植物

"营养主食之王"——玉米 / 56

日常主食——小麦 / 58

神奇的油料作物——花生 / 60

向阳而生——向日葵 / 62

甜蜜之源——甘蔗 / 64

"我也可以很好喝"——茶树 / 66

"冰冰凉凉我最强"——薄荷 / 68

春天的气味——茉莉花 / 70

"罐装的太阳"——小球藻 / 72

# 第一章
# 了解植物大家庭

　　我们身处的这个地球，植物无处不在。探寻它们的踪迹，我们会发现原来植物是个庞大的家庭，那么植物大家庭中到底有哪些成员？它们都分布在哪里？它们是如何生存在这个世界上的呢？让我们一起去探访这个大家庭，认识它们吧！

# 植物的种子

**种**子是裸子植物和被子植物特有的繁殖体，它由胚珠经过传粉受精发育而成。一颗小小的种子，承载的却是繁衍植物的伟大使命。

## 种子的生长

种子是植物生命的起源。一颗种子必须要有合适的环境条件，才能慢慢萌芽。种子生长需要充足的水分、适宜的温度和足够的氧气。满足这些条件后，种子的胚根就会穿破种皮，向土壤里生长。不久后，种子的胚芽继续向上生长，形成幼芽、幼叶进行光合作用，慢慢向上生长，并逐渐将种皮脱落，成长为一株独立的幼苗。

# 植物的根

**人** 的成长需要营养的摄入，植物的成长是否也需要营养呢？答案是肯定的。植物在根的帮助下，完成对营养的吸收、输送和贮藏，这样才能快快生长。

 ## 根的形态

植物的根系从形态上看可以分为两类：直根系、须根系。直根系的植物一般由主根和侧根共同构成，从外观上看，主根发育得很好，长得较为粗壮，周围有一些比较细小的侧根，如蒲公英的根；须根系的植物没有主根、侧根之分，由许多大小差不多的根组成，就像一头乱蓬蓬的鬈发，如小麦的根。

 ## 根的功能

植物的根大多生长在土壤里，是营养器官。它能将地上部分牢牢地固定在土壤上，能吸收土壤中的水分和无机盐，能运输以及储藏养分，并进行一系列有机化合物的合成、转化。如玉米、胡萝卜的根具有巩固植株、储藏养分等作用。

我发芽啦

# 植物的茎

如果说根是植物的脚，有了健康的根才能站得稳，长得高，那么茎就相当于脊梁，能把植物的根、芽、叶、花等各个部分紧密地连接在一起。

##  茎的外形

茎的外形是多样的，有的粗有的细，有的长有的短。大多数植物茎的外形为圆柱形，也有部分植物的茎为其他形状，比如香附子、荆三棱的茎为三棱形，薄荷、薰衣草的茎为四棱形，益母草、广藿香的茎为方形，仙人掌、蟹爪兰的茎为扁平状。

茎一般分为两个部分。长有芽、叶、花等的部分叫节；节与节之间没有长叶的部分叫节间。茎顶端和节上叶腋处都生有芽，当叶子脱落后，节上留有的痕迹叫作叶痕。

# 植物的叶子

**绿**色，是生命的颜色，是大自然的颜色。植物的绿叶不仅装点了我们身处的这个世界，还像一只只小小的手，竭尽全力地接收阳光，进行光合作用和蒸腾作用，制造营养，为植物的生长做贡献。

 **叶子的外形**

植物叶子的形状各有不同，有卵形、心形、扇形、三角形、针形等许多形状。叶子的边缘也不一样，有的很光滑，有的又像锯齿一般。如枫叶像人的手掌，银杏叶像小扇子，松树叶像绣花针……

大多数植物的叶子里含有大量的叶绿素，所以它们的叶子是绿色的。也有一些植物的叶子除了含叶绿素外，还含有类胡萝卜素、藻红素、花青素等多种色素成分。如秋海棠，它的叶子就因为含有较多的花青素而呈现出红色。

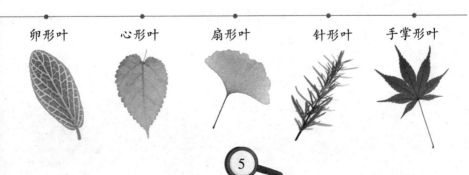

| 卵形叶 | 心形叶 | 扇形叶 | 针形叶 | 手掌形叶 |

# 植物的花朵

**人**们常常被花朵鲜艳夺目的色彩、婀娜多姿的形态和芳香迷人的气味所吸引，并赋予了它们许多美好的寓意。实际上，植物的花朵不单单是大自然的装饰，它们还担负着孕育新生命的伟大使命。

##  花朵的形状

花朵的形状可以说是千姿百态，在大约30万种被子植物中，就有约30万种花朵的形态。花朵的形态因花冠的不同而不同，漏斗状的牵牛花就像一个个小漏斗，杯形的郁金香就像一个个精致的小杯子，钟形的风铃草就像一串串可爱的小铃铛……

##  花朵的颜色

花朵的颜色五彩缤纷，它们的艳丽色彩总能带给人们美的享受。这些美丽的颜色其实是由花瓣里的色素决定的。花瓣里有很多种色素，但最重要的要数类黄酮、类胡萝卜素和花青素。目前，已发现的类胡萝卜素有数百种，类黄酮有数千种。花青素在不同的酸碱环境中能使花朵产生多种多样的颜色。

# 绿色开花植物的果实

**植**物通过根、茎吸收养分，长出绿叶，开出花朵，下一步就是结出果实。植物的果实是由雌蕊经过传粉受精，由子房或者花朵的其他部分参与发育而成的器官，一般包括果皮和种子两部分。

 **果实的产生**

一般情况下，花朵的花药上的细胞产生花粉粒，经过传粉，花粉落到花朵雌蕊的柱头上。经过一系列的传播，胚珠发育成种子，受精卵发育成胚，子房和其他结构发育成果实。由子房形成的果实称真果，如桃子、大豆等；由子房与花托或花被等共同形成的果实称假果，如雪梨、苹果等。

 **果实的结构**

果实一般包括果皮和种子两部分。其中，果皮分为外果皮、中果皮和内果皮三个部分。当然，在人工处理或某种自然条件下，也有不经传粉受精结出果实的，或者受某种刺激而形成果实的，这些果实就没有种子，如香蕉、无籽番茄等。

# 植物的光合作用

**绿**色植物借助光能，利用二氧化碳和水制造有机物，同时释放氧气，这种独特的方式叫作光合作用。这是植物最显著的特征，也是生物界赖以生存的基础。

## 叶绿体

叶绿体是很多植物的"能量转换器"，这里是植物进行光合作用的主要场所。它们内部含有很多绿色的色素，在植物进行光合作用的过程中扮演着极为重要的角色。大自然中有绿色的山峦、青青的草原，这都是叶绿体的功劳。

## 光合作用的原理

植物与动物不同，它们没有消化系统，因此它们必须利用独特的方式给自己制造养料，实现对营养的摄入，这是一种自给自足的生活方式。对于绿色植物来说，它们可以利用太阳光，在叶绿体的帮助下，将二氧化碳、水等无机物转化为有机物，并释放出氧气。

# 植物的呼吸作用

**任**何生物都需要呼吸，植物也不例外。呼吸作用是生物体在细胞内将有机物氧化分解并产生能量的化学过程，是所有动物和植物都进行的一项生命活动。

## 呼吸作用的意义

对生物体来说，呼吸作用具有非常重要的意义，这主要表现在两个方面：第一，它为生物体的生命活动提供必要的能量；第二，它为植物体内其他化合物的合成提供原料。

## 呼吸作用对环境的影响

植物不但能在光合作用中制造氧气，还能在呼吸作用中制造二氧化碳。不一样的是，光合作用在白天进行，呼吸作用是白天晚上都在进行，所以植物在晚上只会呼出二氧化碳，因此太阳升起之前的树林里的二氧化碳含量比较高，不适宜进行晨练。

# 植物的蒸腾作用

**植**物不仅可以进行光合作用和呼吸作用，还具备"出汗"的本领呢。浇灌植物的水其实只有一小部分被植物吸收了，大部分就像汗液一样被蒸发掉了，这个过程就是蒸腾作用。

 **蒸腾作用的过程**

土壤中的水由根毛进入根、茎、叶内的导管，通过它们输送到叶肉细胞中。这些水除了一小部分参与了植物的各项生命活动以外，大部分都通过气孔散发到大气中，变成了水蒸气，这就是蒸腾作用的过程。

 **蒸腾作用的意义**

对环境而言，蒸腾作用能使空气保持湿润，降低气温，让当地的雨水充沛，形成良性循环，起到调节气候的作用。

对植物水分运输而言，尤其对于那些高大的植物来说，蒸腾作用无疑是它们顶端部分"喝水"的最佳方式。

对叶片而言，蒸腾作用能够降低叶片表面的温度，叶子即使在强光下进行光合作用也不会受到伤害。

# 第二章
# 感受植物的魅力

世界上的植物千奇百怪，它们有的不怕冷，有的不怕热，有的不怕旱，有的不怕水，有的会动，有的爱吃肉……植物的神奇真是说不尽，它们独特的习性、奇怪的本领让人顿生探究之心。

# 暗夜花开——月见草

**大**自然中的植物，一般都是在白天开花，在阳光照耀下花团锦簇，煞是好看。但是，也有一些"另类"的植物，它们的花朵喜欢在夜晚羞羞答答地绽放，显示出独特的习性。

## 奇特的习惯

月见草的花只在傍晚才慢慢盛开，天亮即凋谢。传说它开花是专门给月亮欣赏的，月见草之名也是由此得来的。

月见草辨别夜晚是否来临有一套自己的生理系统。它因为不适应高温环境，所以不喜欢在阳光灿烂的白天开放，而选择在晚上开花。

可是开花后，谁来传递花粉呢？蝴蝶和蜜蜂在晚上都休息了呀！别着急，白薯天蛾会帮助月见草的。到了晚上，白薯天蛾就会落在月见草的花朵上吸食花蜜，花粉黏附在它们身上，被传递出去。

但是，月见草辨别夜晚是否

到来的系统有时候也会出现失误，如果运气好，你在阴云密布的白天也能看到它开花。

## 生长环境

　　月见草主要生长在河畔的沙地上，在高山上及沙漠里也能发现它的踪影。

　　在家里养月见草，可于早春时节在花盆里播种。因为它的种子很小，所以撒播不要太密，覆土不要太厚。月见草养到5月就能开花了，可以一直开到10月末。

# 月夜香氛——夜来香

**我**们日常见到的植物，大部分是在白天开花，散发浓香。夜来香却不是这样，通常到了夜间，它才散发出浓郁的香气。

## 浓郁的香气

夜来香的花瓣与一般白天开花的植物的花瓣构造不同，它花瓣上的气孔遇到湿度大的空气就张得大。气孔张得越大，蒸发的芳香油就越多，香味也就越浓。夜间虽没有阳光照晒，但空气比白天湿得多，所以夜来香在夜晚释放出的香气也就特别浓。

夜来香的老家在亚洲热带地区，那里白天气温高，飞虫很少出来活动，但是到了夜间，气温降低，许多飞虫就会出来觅食。夜来香凭着强烈的香气，引诱长着翅膀的"快递员"们前来拜访，为其传播花粉。

## 生长习性

夜来香大多生长在林地或灌木丛中。它喜爱温暖、湿润、阳光充足、通风良好、土壤疏松肥沃的环境。每当冬天到来，夜来香落叶之后就会停止生长；而当春姑娘来临的时候，它就发枝长叶，并在每年的5~8月开花，花期很长，香气袭人。

夜来香有强大的生命力。将一根生长健壮、无病虫害的夜来香枝条插入肥沃的土壤里，它就会逐渐长成一株新的幼苗，然后将新幼苗移到花盆里进行养护就可以了。

**你知道吗**
NI ZHIDAO MA

夜来香虽然花香四溢，但是不适合摆放在室内，最好将其放在室外，作为观赏植物。

# 无风自动——舞草

平常我们见到的植物，除非有风吹动它们，不然它们给我们的印象总是一动不动，没有知觉。真的是这样吗？不一定！有一些神奇的植物，即便没有风，也能翩翩起舞！

 ## 独爱"跳舞"

神秘的舞草是大自然中一种能够对声音产生反应的植物。在气温适当时，当舞草受到一定频率和强度的声波振荡，它的小叶柄基部的海绵体组织就会产生反应，带动小叶翩翩起舞。每当受到太阳照射、温度上升的时候，舞草体内的水分就会加速蒸发，海绵体就会膨胀，小叶便会左右摆动起来。所以舞草起舞的原因主要与温度和一定节奏、强度的声波有关。

当舞草"跳舞"的时候，两枚侧小叶便会按照椭圆形轨道绕着中间的大叶"自行起舞"，在短短30秒内，每片小叶就能完成椭圆形的运动1次。小叶有时上下摆动；有时做360°的大回环运动；有时还会同时向上合拢，然后又慢慢地平展开来，就好像一只蝴蝶在轻舞飞扬；有时一片小叶向上，另一片朝下，就像艺术体操中的优美舞姿；有时许多小叶同时起舞，此起彼伏，带给人们一种十分新奇和神秘的感觉。

即便在午夜"睡眠"的状态中，舞草的小叶也会徐徐转动，只是速度比白天慢。

 **生长习性**

舞草喜欢阳光充足和温暖湿润的环境，对低温特别敏感，只有在白天温度达到20℃以上，夜间温度不低于10℃的情况下，花枝才能生长开花。

舞草一般生长在丘陵旷野和灌木林中，或者在海拔2000米左右的山地上，是一种濒临绝迹的珍稀植物。

扫码领取
☆奇趣小百科
☆自然百科音频
☆科学冷知识
☆好书推荐

# 花开百日红——紫薇树

**紫**薇树是中国珍贵的环境保护植物，是一种很有趣的花树。"紫薇花开百日红，轻抚枝干全树动"，因此人们又称之为百日红、痒痒树。

## "怕痒痒"的树

紫薇树的树干古朴光洁，如果人们轻轻地触碰，它会立即枝摇叶动，浑身颤抖，甚至会发出微弱的"咯咯"声，这就是它"怕痒"的一种反应，确有"风轻徐就影"的韵味，令人称奇。

紫薇树为什么会"怕痒"呢？有一种观点认为，这主要是因为紫薇树的木质比较坚硬，而且枝干的根部与梢部差不多粗细，上部要比一般的树干重，这就决定了只要轻触它的树干，由摩擦引起的振动就很容易通过坚硬的木质迅速传导到树干的更多部位，于是，紫薇树就变成了"痒痒树"。

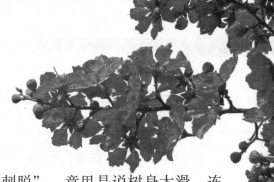

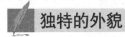
## 独特的外貌

北方人称紫薇树为"猴刺脱"，意思是说树身太滑，连猴子都爬不上去。它的独特之处就在于"无树皮"。年轻的紫薇树，树干年年生表皮，年年自行脱落，表皮脱落以后，树干就显得新鲜而光亮。年老的紫薇树，树身不再生表皮，但依旧筋骨挺直，清莹光洁。

紫薇树树姿优美，枝干屈曲光滑，于夏秋季节开花，是园林中夏秋季节重要的观赏树种。紫薇树的花朵繁茂，花色艳丽，有白、紫、红等不同颜色。

## 生长环境

紫薇树对环境的适应能力较强，耐干旱和寒冷，对土壤要求不高，怕涝，喜光，生长和开花都需要充足的阳光，在温暖湿润的气候条件下生长旺盛。

# 娇羞美人——含羞草

**植**物与动物不同，它们没有神经系统，没有肌肉，不会感知外界的刺激。而含羞草却与一般植物不同，它在受到外界事物的触动时，真的会像个害羞的孩子似的低下头。

 **本领的养成**

含羞草通常都张开着，只有被触碰时才会立即合拢起来，而且触碰它的力量越大，它合拢得越快，所有叶子都会垂下，一副有气无力的样子，整个动作几秒钟之内就完成了。

含羞草的这种特殊的闭合本领，是有一定历史根源的。它的老家在南美洲的巴西，那里常有大风大雨，当第一滴雨打到叶子时，它的叶片就会立即闭合，叶柄下垂，以躲避狂风暴雨对它的伤害，这

是它对外界环境变化的一种适应。另外，含羞草的叶子闭合也是一种自卫方式，动物稍一碰它，它就合拢叶子，动物也就不敢吃它了。

## 特殊价值

由于含羞草适应环境的能力极强，所以它的品种基本没有什么区别，一般从外观上分为有刺含羞草和无刺含羞草。

含羞草的花为白色、粉红色，形状似绒球。含羞草在开花后会结出扁圆形的荚果。含羞草的花、叶和荚果都具有较好的观赏效果，它又比较容易成活，因此很适宜做阳台、室内的盆栽花卉，在庭院等处也能种植。

含羞草是一种能预兆天气晴雨变化的奇妙植物。用手触摸一下，如果它的叶子很快闭合起来，而张开时很缓慢，这说明天气将会转晴；如果它的叶子收缩得慢，下垂迟缓，甚至稍一闭合又重新张开，这说明天气将由晴转阴或者快要下雨了。

☆奇趣小百科
☆自然百科音频
☆科学冷知识
☆好书推荐

# 出淤泥而不染——荷花

**荷**花是在水中生活的高手，它的种子、叶、根、茎都能在水中自由地呼吸。荷花是高洁、清廉的象征，其"出淤泥而不染"的品格为世人所称颂。

 **荷花映像**

荷花的种子，即莲子，外面包着一层致密而坚硬的种皮，就像穿着一件防水外衣，将莲子与外界的水完全分隔开。

荷花的叶也不怕水，盾状圆形的叶上有14～21条辐射状叶脉，在放大镜下可见叶面上布满粗糙、短小的钝刺，刺间有一层蜡质白粉，能使雨水凝成滚动的水珠。

莲藕是荷花横生于淤泥中的肥大地下茎，它的横断面有许多大小不一的孔道，这是荷花为适应水中生活形成的气腔。氧气通过气腔进入叶片，并通过叶柄上四通八达的通气组织向地下扩散，以保证地下器官的正常呼吸和代谢需要。

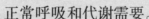

**栽培养护**

中国早在3000多年前就开始栽培荷花了，在辽宁及浙江均发现过炭化的古莲子，可见其历史之悠久。亚洲一些偏僻的地方至今还有野莲，但大多数的莲都是人工种植的。

家养荷花一定要注意，荷花对失水十分敏感。夏季只要3小时不灌水，荷叶便会萎靡；若停水一日，荷叶边就会焦黄，花蕾也会枯萎。荷花还非常喜欢阳光，要是在半阴处生长就会表现出强烈的趋光性。

# 水中贵族——睡莲

**睡**莲，又称子午莲、水芹花，是水生花卉中的贵族。睡莲的外形与荷花相似，不同的是，荷花的叶子和花是挺出水面的，而睡莲的叶子和花多是浮在水面上的。睡莲因花朵昼舒夜卷而被誉为"花中睡美人"。

 **水中女神**

睡莲喜欢阳光充足、通风良好的环境，白天开花的睡莲在晚上花朵会闭合，到第二天早上又会张开。

睡莲的根状茎粗短，叶浮于水面，有的接近圆形，有的呈卵状椭圆形。叶片直径6～11厘米，幼叶有褐色斑纹，下面呈暗紫色，成熟的浓绿色叶片没有毛。花长在细长的花柄顶端，有各种颜色。

睡莲的花色艳丽，花姿楚楚动人，在一池碧水中宛如冰肌玉骨的少女，被人们赞誉为"水中女神"。

## 悠久历史

睡莲是睡莲科中分布最广的一属，除南极之外，世界各地皆可找到睡莲的踪迹。睡莲还是文明古国埃及的国花。

早在2000年前，中国汉代的私家园林中就出现过睡莲的身影。早在16世纪，意大利就把它当作水景主题材料。

## 净水能手

由于睡莲根能吸收水中的汞、铅、苯酚等有毒物质，是难得的净化水体的植物，所以它在城市水体净化、绿化、美化建设中备受重视。

白色睡莲倒映在水中　　　　朝露中的睡莲　　　　盛开的粉红色睡莲

# 攀附的"瀑布"——紫藤

"紫藤挂云木,花蔓宜阳春。密叶隐歌鸟,香风留美人。"李白的这首诗生动地刻画出了紫藤优美的姿态和攀附的特性。

## 紫藤全貌

紫藤是一种落叶攀缘缠绕性大型藤本植物,它的生长速度快,寿命长,缠绕能力也强,对其他植物有绞杀作用。紫藤的幼苗是灌木状的,成年后它的植株茎蔓蜿蜒屈曲,在主蔓基部发生缠绕性长枝,逆时针缠绕,能自缠30厘米以下的柱状物。

人工养护时,人们不能让它无限制地自由缠绕,必须经常牵蔓、修剪、整形,控制藤蔓生长。只有养护好了,它才

国画中的紫藤

能开出繁盛的花朵。一串串紫色的花悬挂于绿叶藤蔓之间，迎风摇曳，如一帘紫色的瀑布，十分美丽。

紫藤花开了之后可半月不凋。常见的品种有多花紫藤、银藤、红玉藤、白玉藤等。

## 绿化作用

紫藤对二氧化硫和氟化氢等有害气体有较强的抗性，对空气中的灰尘有吸附能力，在绿化中已得到广泛应用。它不仅可以对环境起到绿化、美化效果，同时也发挥着增氧、降温、减尘、减少噪声等作用。

扫码领取

☆奇趣小百科
☆自然百科音频
☆科学冷知识
☆好书推荐

# 五角星花——茑萝

当绿叶满架时，只见翠羽层层，娇嫩轻盈，如笼绿烟，如披碧纱，随风拂动，倩影翩翩。花开时节，茑萝的花形虽小，但五角星形的花朵星星点点地散布在绿叶丛中，煞是动人。

## 茑萝外观

茑萝为旋花科一年生草本植物，一般用于布置矮垣短篱或绿化阳台。它细长、光滑又柔软的蔓生茎，可长达4～5米，极富攀缘性，是理想的绿篱植物。过去常有花匠用竹子编成狮子形状，让茑萝缠绕蔓延

槭叶茑萝的叶

开放的茑萝像一颗
红色五角星

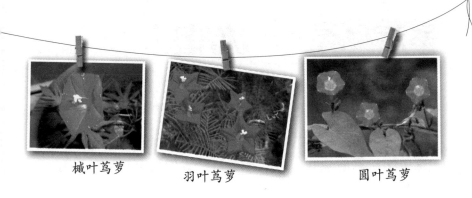

槭叶茑萝　　　　　羽叶茑萝　　　　　　圆叶茑萝

在上面，像一头绿狮，栩栩如生，别有佳趣。根据茑萝的这一攀爬特性，人们常给茑萝搭架，做成各种造型。

　　茑萝是按照叶片的形状起名的，如叶片似羽状的叫羽叶茑萝。用于观赏的主要种类有羽叶茑萝、槭叶茑萝和圆叶茑萝等。

 **生长环境**

　　茑萝原产于热带美洲，现在遍布全球温带及热带，我国也广泛栽培，是美丽的庭园观赏植物。

　　虽然茑萝对土壤的要求不高，撒籽在湿土上就可以发芽，但如果有充足的阳光、湿润肥沃的土壤，它开的花就会更多。盆栽的时候如果为它支起架子，供其缠绕，花朵在架子上会显得更加纤秀美丽。

# 冬末报春——冰凌花

**冰**凌花的开放时间，正是冬末春初冰雪尚未消融的寒冷时节，在大多数植物还没有萌生时，它就用柔弱的身躯，钻透铁板一般的冻土，傲然独放。它那金灿灿的花朵如稚嫩的笑脸，打破隆冬留给人们的沉寂，预报着春将到来的消息。

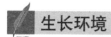

## 生长环境

冰凌花极耐严寒，每年冬末春初雪未化尽时开放。它只生长在冰雪丰沃的地区和人迹罕至的山林，是一种稀缺的植物。

冰凌花之所以能在雪地绽放，主要是因为它的紫色花茎很粗壮，上面有茸毛，为抵抗严寒起了很大的作用。由于冰

凌花植株矮小，它能在渐渐融化的雪下萌芽，当春天来到，土壤中的营养成分就源源不断地提供给冰凌花。金黄色的小花在盛开约10天后凋谢，花期过后，才会有三角形的呈羽状的叶子长成。冰凌花是种子繁殖，从种子发芽、长成植株到开花，需要很多年的时间，这也是它珍贵的原因之一。

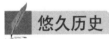

## 悠久历史

由于具有独特的习性，冰凌花在北方冬末春初时节有很高的观赏价值，常用作花坛、花径、草地边缘或假山岩石园的配置材料，也可盆栽观赏。

早在几千年前我国的周代，居住在黑龙江流域的人们就把它作为奇花异草向周天子进贡。

冰凌花

# 随风漂泊——风滚草

**俗** 话说："树挪死，人挪活。"人们总以为，植物有根，因此"树挪死"是天经地义的事情。但如果受到环境的逼迫，就连植物也会想出超乎寻常的办法来应对危险。

## 生命力强

为了适应恶劣的环境，风滚草改变了作为植物本该直立向上生长的本性，而选择抱成一团，随风漂泊。

风滚草是聪明的、独特的。在气候干旱或其他条件恶劣的地区，或在极度缺水的情形下，它就会蜷缩成一团，随风翻滚，四处流浪。一旦遇见湿润适宜的土壤，它便会舒展开茎叶，重新落地生根，直至当地的条件变得恶劣，逼迫它不

得不再次"搬家"。

大多数人称风滚草为"流浪汉"，它是戈壁中一种常见的植物。当干旱来临的时候，它会缩成一团，在茫茫戈壁上随风滚动。

风滚草是一种生命力极强的植物，总有一天它们会找到适合自己生长的环境，然后冒出新芽，发出新枝，开出淡淡的紫花。

 **生长习性**

风滚草的圆球形状使其可以在地上滚动和弹跳，每次弹跳都能留下种子。但是风滚草也有弱点，风往哪里吹，它就往哪里跑。有些害虫就会"搭便车"，和风滚草一起到达新地方危害当地。

有人做过这样一个实验，将风滚草的根部套上透明塑料管来防止风滚草脱落。出人意料的是，风滚草的根在被套上透明塑料管后，竟然开始生长，一直长到风滚草可以脱落的高度。

# 耐盐的植物——盐角草

**盐**角草是地球上迄今为止发现的最耐盐的陆生高等植物之一。在我国西北和华北的盐土中，常常能看到它们的身影。

 **生长形态**

盐角草是一年生低矮草本植物，植株呈红色。它是不长叶子的肉质植物，茎是直立的，且表皮薄而光滑，气孔裸露出来。

盐角草体内不仅盐分含量高，含水量也很惊人，可达体液的92%，所以它能在盐地上生长。基于其显著的摄盐能力和集积特征，盐角草可作为生物工程措施的重要手段之一，广泛用于盐碱地的综合改良。

手绘盐角草

生长在海水中的
盐角草

### 有毒植物

　　盐角草是"中国植物图谱数据库"收录的有毒植物，其毒性为全株有毒，牲畜如啃食过量，易引起腹泻。

# 苍蝇的"地狱"——捕蝇草

**常** 听说牛吃草，兔子吃青菜，现在要向大家介绍的却是植物吃动物。当然，并不是"草吃牛"或者"青菜吃兔子"，而是一种奇特的吃小昆虫的植物。

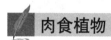

## 肉食植物

夏天，捕蝇草一左一右对称的叶子张开，形成一个夹子状的捕虫器。当昆虫进入叶面部分时，碰触到属于感应器官的感觉毛，左右两边的叶子就会迅速地合起来，捕虫器两端的毛正好交错，像两排锋利的牙齿围成一个牢笼，使昆虫无法逃走。这时，消化腺分泌出消化液，将昆虫体内的蛋白质分解并吸收，而剩下的那些无法被消化掉的昆虫外壳，会被风雨带走。

捕蝇草吸取各种昆虫分解后的养分，它们被誉为"自然界的肉食植物"。

姿态优美的
捕蝇草

　　被捕的昆虫不停地挣扎，给捕蝇草连续不断的刺激，这正表明捕虫器捕捉到的确实是昆虫，是活的猎物。如果误捉到枯枝、落叶，聪明的捕蝇草就会通过这种方式确认它不是昆虫，并在数小时之后重新打开捕虫器，等待下一个猎物。

　　捕蝇草的每片叶片可以捕捉小昆虫12～18次，消化3～4次，一旦超过这个次数，叶子就会失去捕虫能力，渐渐枯萎。

 **观赏价值**

　　捕蝇草的叶片属于变态叶中的"捕虫叶"，外观上，它有明显的刚毛和红色的无柄腺部位，样貌好似张牙舞爪的血盆大口，是很受人们欢迎的食虫植物，可种植在向阳窗台上进行观赏。

颜色艳丽的捕蝇草　　　　　一只苍蝇成了捕蝇草的猎物

# 水上一枝花——黄花狸藻

**黄** 花狸藻是一种独特的水生植物，它没有根，只在水中漂流，能把一些低级甲壳动物和昆虫的幼虫都捉进自己的囊里。黄花狸藻是狸藻家族中的"美人"，一般有1米长，除花序外，其余部分都沉于水中。

 **捕虫方式**

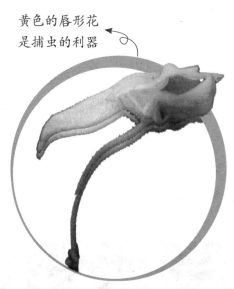

黄色的唇形花是捕虫的利器

夏秋季节，黄花狸藻的花序伸出水面，开出黄色的唇形花，而它的捕虫囊口长有很薄的茸毛和瓣膜，当在水中游动的水生小虫子触碰到它的茸毛时，囊口附近的瓣膜就会打开，小虫子便随水一起被吸入囊内，很难逃脱。

它能够非常出色地捕捉到生活在水中的虫体或浮游动物，不分泌消化液而依靠猎物的腐化来吸收营养。

 **濒临绝种**

黄花狸藻一般生活在弱酸且不具肥分的水中。随着对土地资源的开发和利用，过去随处可见的湖沼、池塘越来越少，黄

花狸藻也随之成了稀有甚至濒临绝种的植物。

 **观赏价值**

　　黄花狸藻具有很高的观赏价值，它在开花时十分漂亮，一枝枝黄色的花序挺出水面，有种神秘、幽深的意境。黄花狸藻一般可以在小型水草水族箱里单独种植。

 **喜欢阳光**

　　黄花狸藻对光照的需求比较特殊，既喜光线充足的环境，又怕强光直射，光照不足则植株生长得弱小，叶片和捕虫囊变小，甚至长不出捕虫囊。通常它在强光下长出的捕虫囊色泽会变红，而弱光下长出的捕虫囊的表面多呈暗绿色或无光泽。

☆奇趣小百科
☆自然百科音频
☆科学冷知识
☆好书推荐

扫码领取

# 落地金钱——锦地罗

**锦**地罗通常生长在潮湿的岩面、沙土上，这些地方土壤非常贫瘠，尤其是缺乏氮素营养。因此，锦地罗只有通过捕食一些小虫子才能补充自身需要的营养元素，才能更好地生长和繁殖。

## 美丽的"杀手"

被锦地罗吸引的昆虫

锦地罗非常漂亮，通常由叶柄、叶状部、丝状部、瓶状部四个部分组成。勺子状的叶子平铺在地面，像一朵朵盛开的莲花。叶子边缘长满腺毛，丝状部分像卷曲的胡须，形成了天然的捕虫器。待昆虫落入，叶子上的腺毛就将虫体包围，带黏性的腺体将昆虫粘

亭亭玉立的叶柄

住，分泌的液体可分解虫体内的蛋白质等营养物质，然后由叶面吸收。

## 生长地区

锦地罗生长于海拔50～1520米的平地、山坡、山谷和山顶的向阳处或疏林下，常见于雨季。它分布于亚洲、非洲和大洋洲的热带和亚热带地区，多生于近海地带或海岛。

锦地罗喜欢有阳光而且潮湿的环境，只有在阳光照耀下它才会开花，花朵一般在上午有阳光时才开放。

## 采收程序

锦地罗作为药用植物，全年可采收并进行加工。人们多在春末夏初锦地罗植株旺盛时拔取全草，剪除细而长的花茎，抖净泥沙，晒干备用。

# 芹叶钩吻——毒芹

**有**些植物十分厉害，它们同时拥有毒素和异味两种自卫"武器"。毒芹就是这样，不仅有毒，而且还有难闻的气味，食草动物远远闻到它的气味就转向别处觅食了，很少去攻击它。

 **毒芹外貌**

毒芹为多年生草本植物，长度可达70～100厘米，毒芹的茎是中空的，叶子边缘有些会像锯齿一样。毒芹会开白色的小花，很多小花会聚集在一起像一把雨伞一样，因此又被叫作伞形花序。

毒芹多生长于沼泽地、水边、沟旁、林下湿地处和低洼潮湿的草甸上。

毒芹的果实接近球形

毒芹的叶子

## 致命的美丽

很多有毒的植物都异常美丽，毒芹也不例外。它开出白色的小花朵，衬托着锯齿状的叶子，显得美丽诱人。

毒芹的根部位置有一种毒芹素，毒芹素易被吸收，食之数分钟即中毒。这种毒素能够影响中枢神经系统，有非常显著的致痉挛的作用。误食者中毒后会出现头晕、呕吐、痉挛等症状，最后出现全身麻痹，严重的甚至可能死亡。

## 容易误食

毒芹的叶形与水芹相似，采食水芹时应特别注意，不要将毒芹与水芹混淆。毒芹无论鲜草还是干草均有毒。毒芹干草混入饲料中容易引起家畜中毒。

毒芹的复伞形花序

# 毒蝴蝶——鸢尾

**在**中国的中南部，有一种开着美丽的花朵的植物，它们交错而生，散发出阵阵清香，就像一群蝴蝶，在风中翩翩起舞。它们有一个美丽的名字叫"鸢尾"。同时，它们还有一个令人胆寒的名字——毒蝴蝶。

## 带毒的"蝴蝶"

鸢尾是多年生草本植物，根状茎粗壮，直径约1厘米，花大而美丽，一般呈蓝色或者紫色。在青翠欲滴的叶片的衬托下，鸢尾花像蝴蝶般轻盈。

鸢尾的毒素来自整株，其中根、茎的毒性尤强。人如果误食了鸢尾新鲜的根、茎部位，就会出现呕吐、腹泻、皮肤

含苞待放的鸢尾

瘙痒、体温不断变化等症状，严重的还会造成胃肠道淤血，危及生命。

 **观赏价值**

鸢尾的叶片碧绿青翠，花色艳丽，花形大而奇，宛若翩翩彩蝶，是美化庭园的重要花卉之一，也是优美的盆花、切花和花坛用花，还可用作地被植物。国外也有用鸢尾做香水的习俗。

"鸢尾"之名来源于希腊语，意思是彩虹，指天上彩虹的颜色尽可在这个属的花朵中看到。鸢尾花在我国常用来象征爱情和友谊，还有着鹏程万里、前途无量的寓意。

手绘鸢尾花

# "流泪的树"——橡胶树

橡胶树，原产于南美热带雨林区，1876年被播种到英国邱园，1904年来到中国。"橡胶树"一词，来源于印第安语，意思是"流泪的树"。

 **生长环境**

橡胶树喜欢高温、高湿、静风和肥沃的土壤。只要年平均气温为20～30℃，橡胶树就能正常生长和产胶，但它对风的适应能力较差，枝条也较脆弱，容易受风寒影响而降低产胶量。

在野外，橡胶树可以生长至40多米高，树干各部分都有网状组织的乳胶导管产出黄色或白色的乳胶，主干接近形成层的韧皮部是乳胶导管最密集的部分。

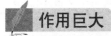
用橡胶树种子榨成的油，是制造油漆和肥皂的原料。橡胶果壳可制成优质纤维、活性炭、糠醛等。橡胶树木质轻，花纹美观，加工性能好，经化学处理后可制作成高级家具、纤维板、胶合板等。

天然橡胶具有很强的弹性和良好的绝缘性，还具有可塑、隔水、隔气、抗拉和耐磨等特点，因此被广泛运用在工业、国防、交通、医药卫生领域和日常生活等方面。

## 保护环境

橡胶林属于可持续发展的热带森林生态系统，是无污染可再生的自然资源。20世纪80年代，海南的林木覆盖以橡胶树为主，形成了涵养水源、保持水土的可持续发展的良好环境，不仅大大提高了森林覆盖率，还对改善环境条件，维护热带地区生态平衡发挥了重要作用。

47

# 和平使者——珙桐

**珙** 桐是约1000万年前留下的植物，大部分地区的珙桐相继灭绝，只在中国南方的一些地区幸存下来，成了植物界的"活化石"，被誉为"中国的鸽子树"，被列为国家一级重点保护野生植物，是全世界著名的观赏植物。

 **神似鸽子的植物**

珙桐枝叶繁茂，叶大如桑，花极具特色，远观如一只只紫头白身的鸽子在枝头挥动双翼。不过，那"鸽子"的"双翼"并非花瓣，而是两片白而阔大的苞片。而紫色的"鸽子头"则是由多朵雄花与一朵两性花组成的球形头状花序，宛如一个长着眼睛和嘴巴的鸽子脑袋，而黄绿色的柱头就像鸽子的喙。

每到春末夏初，珙桐树含芳吐艳，一朵朵紫白色的花在

绿叶间浮动，犹如千万只白鸽栖息在枝头，振翅欲飞，寓意"和平友好"。

### 生长环境

珙桐喜欢生长在海拔1500～2200米的湿润的常绿阔叶和落叶阔叶混交林中，喜欢中性或微酸性的腐殖质深厚的土壤。幼苗喜阴湿，成年树趋于喜光。

珙桐是国家一级重点保护野性植物，是珍稀名贵的观赏植物。其材质沉重，为制作细木雕刻、名贵家具的优质木材。

### 生存危机

由于森林遭到砍伐破坏，以及人们挖掘野生树苗栽植，珙桐的数量逐年减少，分布范围也日益缩小，若不采取保护措施，有被其他阔叶树种更替的危险。

# 烧不死的树——木荷

**火** 灾是破坏森林植被的元凶，在与火灾的长期斗争中，人类探索出了"绿色植物阻隔法"。担此重任的植物，从花草到树木，品种较多，其中一种名叫木荷的乔木备受人们青睐。

## 防火本领大

木荷的防火本领表现在以下几个方面：一是它草质的树叶含水量在42%左右，也就是说，在它的树叶成分中，有将近一半是水，这种含水量超群的特性，使它在防火方面具有不俗的表现；二是它树冠高大，叶子浓密，一排木荷树就像一堵高大的防火墙，能将熊熊大火阻断隔离；三是它有很强的适应性，它既能单独种植形成防火带，又能混生于松、杉、樟等林木之中，起到局部防燃阻火的作用；四是它木质坚硬，再生能力强，坚硬的木质增强了它的抗火能力，即使被烧过的地方，第二年也能长出新芽，恢复生机。

 **生长环境**

木荷喜光，适应亚热带气候，对土壤的适应性较强，在肥厚、湿润、疏松的沙壤土里会生长得更好，造林地宜选择土壤比较深厚的山坡中部以下地带。

 **我国分布**

木荷是我国南部及东南沿海各省常见的树种。在荒山灌丛中，它是阻火的先锋树种；在海南海拔1000米上下的山地雨林里，它是上层大乔木，胸径达1米以上，有突出的板根。

# 有魔力的果实——神秘果

你听说过这样一种果实吗？吃了它之后，再吃带酸味的食物，感觉到的却是甜甜的味道。喜欢吃甜食的小朋友是不是特别希望自己也拥有这种神奇的果实呢？

## 有魔力的神秘果

这种能让食物变甜的魔力果实，就叫神秘果。神秘果来自非洲西部一带，是一种热带常绿灌木或小乔木。神秘果树形美观，枝叶繁茂，在不同时期，叶片会呈现出不同的颜色。果实成熟后，会由绿色变成红色，看上去有点像圣女果。

有魔力的神秘果其实并不能改变其他食物的味道，但是它可以改变人类的味觉，因为它含有一种变味蛋白，这种物质能让我们舌头上的味蕾暂时受到干扰，对其他味道敏感的味蕾被麻痹，而对甜味敏感的味蕾却非常兴奋，这就是神秘果的神秘之处了。

神秘果树开的花散发出椰奶香味 ←

52

 **生长环境**

　　神秘果喜欢
生活在高温多湿的
环境里，适宜生长的
温度为20～30℃，有一定的耐旱、耐寒能力。最好选择在土壤
排水良好、有机质含量较高的低洼地或平缓坡地种植。

**浑身是宝**

　　神秘果浑身是宝。神秘果的果肉含有丰富的糖蛋白、维
生素、柠檬酸、琥珀酸、草酸等，其种子含有天然固醇等，
因此在食品工业上，人们常用神秘果来做调味剂，这样既能
调味，又有丰富的营养。

# 伪装的石头——石头花

**聪**明的植物为了保护自己，就想了个办法——伪装。在非洲的荒漠上，生长着一类极为奇特的伪装植物——石头花。

 **外形特点**

石头花植株矮小，两片肉质叶呈圆形，在没开花时，简直就像一块块、一堆堆半埋在土里的碎石。这些"小石块"有的镶嵌着一些深色的花纹，如同美丽的雨花石；有的则布满了深色斑点，就像花岗岩碎块。这些伪装不知骗过了多少旅行者的眼睛，又不知有多少食草动物对它们视而不见。令人惊奇的是，每年的冬春季节，都会有绚丽的花朵从"石缝"中开放。然而当干旱的夏季来临时，荒漠上又是"碎石"的世界了。

我们通常看到的石头花是它的一对叶子，石头花的叶绿素藏在变了形的肥厚叶片内部。叶子顶部有特殊的专为透光用的"窗户"，阳光只能从这里照进叶子内部。为了减弱太阳直射的强度，"窗户"上还带有颜色或具有花纹。

# 第三章
# 走进人类生活的植物

环顾我们身边，植物越来越广泛地渗透到我们的生活、生产中，成为人类的功臣。人们也越来越离不开植物，它们是我们的粮食，是我们爱吃的水果，是美化环境的高手……我们一起来看看有哪些植物吧。

# "营养主食之王"——玉米

随着社会的发展，植物与人类的关系越来越密切，植物对人类的贡献也越来越大，甚至与人类息息相关、密不可分。例如，人们爱吃的玉米就是全世界总产量最高的粮食作物。

## 营养丰富

作为人们喜爱的一种食物，玉米含有人体所需的碳水化合物、蛋白质、脂肪、胡萝卜素、异麦芽低聚糖、核黄素、维生素等营养物质。

有研究表明，在所有主食中，由玉米做成的主食营养价值最高，保健作用最大。但是千万要注意，受潮的玉米会产生致癌物黄曲霉毒素，不宜食用。

玉米的谷蛋白含量低，因此它不适合用来制作面包，但是可以用来做成小朋友们爱吃的玉米饼。除此以外，玉米还可以用来榨油、酿酒，或者制成淀粉和糖浆。

## 生长条件

玉米的生长期较短，生长期内要求温暖多雨。玉米生长耗水量大，如果降水少，灌溉水又不足，就会导致减产甚至绝收。如果秋季初霜来临太早，玉米在成熟期受冻，也会减产。

## 分布地区

玉米的原产地是美洲。1492年哥伦布在古巴发现玉米，将其带到整个南北美洲。1494年他又把玉米带回西班牙。在这之后，玉米才逐渐传至世界各地。现在，玉米在中国的播种面积很大，分布也很广，是中国北方和西南山区人民的主要粮食之一。

# 日常主食——小麦

**小**麦为禾本科植物，是世界上分布最广的一种粮食作物，播种面积为粮食作物之冠。小麦在中国已有5000多年的种植历史，目前主要种植于河南、山东、江苏、河北、湖北、安徽等省。

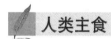

## 人类主食

《本草拾遗》中说，小麦面"补虚，实人肤体，厚肠胃，强气力"。小麦自古就是滋养人体的重要食物。

小麦按播种季节不同，可分为春小麦和冬小麦；按麦粒粒质不同，可分为硬小麦和软小麦；按皮色不同，可分为白皮小麦、红皮小麦和花皮小麦。

一般我们用来做面包的面粉都是由蛋白质含量较高的硬

小麦面包

小麦制成的，用来做蛋糕和其他糕点的面粉则是由软小麦制成的。

 **分布地域**

小麦的种植主要分布在亚洲西部和欧洲南部。小麦是一种温带长日照植物，适应范围较广，从平原到海拔4000米的高原都有栽培。

小麦是三大谷物之一，籽实几乎全做食用，仅有1/6作为饲料等使用，是世界上总产量位居第二的粮食作物，仅次于玉米。

小麦啤酒　　　　　　　　　　收割小麦

# 神奇的油料作物——花生

人们做饭时使用的烹调油，大部分是从油棕、花生、大豆、芝麻、油菜、向日葵等油脂含量很高的油料植物的果实或种子中提炼出来的。越来越多的人开始喜欢吃花生油，它也成为了餐桌上必不可少的功臣。

##  神奇的花生

花生，也叫"落花生"，又名"长生果"，属于植物六大器官中的种子。花生的外皮一般都是很粗糙的，多数带有方格形的花纹。剥开花生的外衣，里面是一层薄皮，它属于保护组织，颜色大多数是浅红色的，只有少数是深紫色的。

冷榨花生油，首先要选用优质花生，然后剥去红色薄皮，在60℃的温度下进行冷榨、过滤等工艺。冷榨的花生油色泽浅，磷脂含量极低，营养因子因为没有经过高温破坏而得以最大限度地保存，在物理过滤后便可食用，被称为"绿色环保营养油"。在各种油料作物中，花生也是产量高、含油量高的植物。

## 营养成分

花生米中含有蛋白质、脂肪、糖类、维生素A、维生素B6、维生素E、维生素K，以及矿物质钙、磷、铁等营养成分，还含有人体所需的氨基酸、不饱和脂肪酸、卵磷脂、胡萝卜素、粗纤维等物质，具有促进人的脑细胞发育，增强记忆力的作用。

花生米上有一层红红的外皮，它也含有丰富的营养成分，有止血、散瘀、消肿的功效，所以吃花生米时，最好不要搓掉它的"红色外衣"。

## 分布广泛

我国花生的产地分布广泛，除了西藏、青海以外，全国各地都有种植，其中山东的花生产量居于全国首位，其次是广东。花生是喜温耐瘠的油料作物，对土壤的要求不严，最喜欢排水良好的沙质土壤。

# 向阳而生——向日葵

向日葵又叫朝阳花，因它的花常朝着太阳而得名。英语称之为"sunflower"，却不是因为它向阳的这一特性，而是因为它的黄色花盘像太阳。

##  太阳花的大能量

向日葵，高1～3米，茎直立、粗壮且圆形多棱角，耐旱，花序的直径可以达到30厘米。向日葵原产于美洲，现在世界各地均有栽培。

向日葵的种子叫葵花子，葵花子也可以榨葵花子油，油渣还可以做饲料。向日葵是世界四大油料作物之一，在中国的栽培面积很广，是中国重要的油料作物。葵花子还含有磷

脂，有良好的降脂作用。葵花子中的不饱和脂肪酸有助于人体发育和生理调节，能将沉积在肠壁上的胆固醇脱离下来，对于预防动脉硬化、高血压、冠心病等有一定作用。

##  种植历史

向日葵的野生品种主要分布在北美洲的南部、西部以及秘鲁和墨西哥北部地区。大约在1510年，航行到美洲的西班牙人把向日葵带回欧洲，开始在西班牙的马德里植物园种植，以供观赏。

##  朝向秘密

向日葵花盘一旦盛开后，就不再跟随太阳转动，而是固定朝向东方了。这是因为向日葵的花粉怕高温，固定朝向东方，可以避免正午阳光的直射，减少辐射量。早上的阳光照射足以晒干夜晚凝聚在它花盘上的露水，减小霉菌侵袭的可能性。

扫码领取

☆奇趣小百科
☆自然百科音频
☆科学冷知识
☆好书推荐

# 甜蜜之源——甘蔗

甘蔗含糖量很高，是热带和亚热带糖料作物。甘蔗主要分紫皮甘蔗和青皮甘蔗两种，由于具有清热生津的功效，古人称甘蔗汁为"天生复脉汤"。

## 食用甘蔗

中国最常见的食用甘蔗是竹蔗，其味道清甜可口。甘蔗中含有丰富的糖分、水分，还含有对人体新陈代谢非常有益的各种维生素、脂肪、蛋白质、有机酸、钙、铁等物质。

我们吃的糖，大部分是用甘蔗制造出来的。甘蔗的茎一般有2～6米高，茎里藏着的就是甜甜的甘蔗汁。人们对甘蔗进行提汁、澄清、蒸发、结晶、分蜜和干燥等工序，就可以得到甜甜的糖。甘蔗除了是制造蔗糖的原料，还可以提炼出乙醇作为能源替代品。

第一个利用甘蔗来生产糖的国家是印度。公元前320年，生活在印度的古希腊历史学家麦加斯梯尼把糖称作"石蜜"，从这个名称中就可以看出，那时印度已经开始使用糖了。

## 出产国家

全世界有100多个国家出产甘蔗，较大的几个甘蔗生产国是巴西、印度和中国。甘蔗现广泛种植于热带及亚热带地区，种植面积较大的国家还有古巴、泰国、墨西哥、澳大利亚、美国等。

## 种类特点

甘蔗按用途可分为果蔗和糖蔗。果蔗是专供鲜食的甘蔗，它具有较易撕、纤维少、糖分适中、茎脆、汁多味美、口感好以及茎粗、节长、茎形美观等特点。糖蔗含糖量较高，是用来制糖的原料，一般不会用于市售鲜食。

# "我也可以很好喝"——茶树

**茶**可陶冶人的情操。品茶待客是中国人高雅的娱乐和社交活动，坐茶馆、开茶话会则是社会性群体茶艺活动。那你知道茶叶是从哪里来的吗？

##  茶树初印象

茶树为多年生常绿木本植物，喜欢温暖湿润的气候，而且喜光耐阴，树龄可达数百年甚至上千年。茶树的叶子呈长椭圆形，边缘有锯齿。春、秋两季可采嫩叶制成茶叶；种子可以榨油；茶树的材质细密，其木可用于雕刻。

茶叶是由茶树的嫩叶经过发酵或烘焙而成的，可以用开水直接冲泡饮用。将茶树的嫩叶加工成干茶叶当作饮料，在我国已有2000多年的历史。世界各地的栽茶技艺、制茶技术、饮茶习惯等都源于我国，现在全世

界饮茶的人数约占世界总人口的一半，这是中国对世界饮料的一大贡献。

我国不但最早发现并利用了茶树，而且拥有世界上最多的茶叶品种。依据茶叶的加工方法，我国将茶叶分为红茶、绿茶、青茶、黄茶、白茶、黑茶六大类。

## 生长环境

茶树对紫外线有特殊嗜好，因此高山出好茶。在一定高度的山区，雨量充沛，云雾多，空气湿度大，散射光强，这对茶树生长有利；但如果将茶树种在海拔1000米以上的山上，它就会受冻害威胁。

茶树种植后约3年起可少量采收，10年后达盛产期，30年后即开始老化，此时可把茶树从基部砍掉，让它重新生长，再次老化后就须挖掉重新栽种。

# "冰冰凉凉我最强"——薄荷

**许**多小朋友都知道，薄荷的味道不仅是清新的，还给人一种辣辣的、冰冰凉凉的感觉。

 **薄荷的妙用**

薄荷是一种重要的香料植物，在我国，薄荷主要分布在江苏等地区。薄荷的地上茎呈四棱形，叶子表面的油腺是储存薄荷油的主要部位。薄荷油主要来源于叶片，占整株的98%以上。

薄荷叶

薄荷花

薄荷油和它的衍生品被广泛地应用于各类化妆品、食品、药品、烟草和其他用品中。亚洲薄荷油是用途最广和用量最大的天然香料之一。中国则是薄荷油、薄荷脑的主要输出国之一。薄荷整株都散发着一种特殊的香味，这是因为它含有薄荷醇。纯度高的薄荷醇药用价值相当高。

在一些糕点、糖果、饮料中加入微量的薄荷油或薄荷脑，会使之具有明显的芳香怡人的清凉气味，能够增进食欲。

### 生长环境

薄荷的适应性很强，但在光照不充足、阴雨天多的地方，薄荷中的薄荷油和薄荷脑的含量就会很低，这说明日照时间对薄荷油、薄荷脑的形成起很大的作用。

薄荷多生于山野、湿地、河流旁，根茎横生地下。全株气味芳香，叶对生，花朵较小，呈淡紫色、红色或白色，唇形，结卵形的小粒果。在自然生长的情况下，它每年开花一次。

薄荷茶 ◄

# 春天的气味——茉莉花

在素馨属植物中，十分著名的一种是受到人们喜爱的茉莉花。因为茉莉花不仅花香浓郁，还有着良好的保健和美容功效。

##  茉莉花的作用

茉莉花清香四溢，是著名的花茶原料和重要的香精原料。茉莉花可以制成茶叶，或蒸取汁液来代替蔷薇露。地处江南的苏州、南京、杭州、金华等地，长期以来都将茉莉花作为窨茶香料进行生产。

洁白纯净的茉莉花的作用是不容忽视的。我们使用的绝大部分日用香精里都包含有茉莉花香气，如香皂、化妆品里，

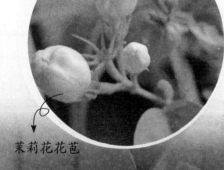

茉莉花花苞

我们都可以找到茉莉花的香型。不仅如此，茉莉花香气对合成香料工业还有一个巨大的贡献：数以百计的花香香料都是从茉莉花的香气成分里发现的，或者是化学家模仿茉莉花的香味制造出来的。

##  花香怡人

茉莉花叶片翠绿，花朵洁白，香味浓厚，多用于庭园栽培及家庭盆栽。人们用"满园花草，香也香不过它"来歌颂茉莉花，用"一卉能熏一室香"来赞美茉莉花，这全在于茉莉花的香味兼具玫瑰之甜郁、梅花之馨香、兰花之幽远、玉兰之清雅，令人心旷神怡。

茉莉花茶

# "罐装的太阳"——小球藻

**名**字很可爱的小球藻，其实是一种球形淡水单细胞绿藻。它的直径只有3～8微米，但细胞内含有丰富的叶绿素，所以它是一种高效的光合植物，能够依靠光合作用进行生长繁殖，分布地区极为广泛。

## 小小球藻本领大

小球藻生长在淡水中，借助阳光、水和二氧化碳，不停地将太阳能转化，生成蕴含多种营养成分的藻体，并在这个过程中释放出大量的氧气，可谓是"环保小能手"。

小球藻的光合作用能力高于其他植物10倍以上，由于它这种生命活力以及产生的高能营养物质，人们赞美它为"罐装的太阳"。

显微镜下的
小球藻

小球藻生长
在淡水中

小球藻个子小本领大，它吸收氮、磷的能力也很强。它要是待在含氮较多的污水里，它的繁殖能力会变得更强，在繁殖的同时能够把氮、磷也吸收了。用不了多久，这些污水就能被再次利用。小球藻治理污水的本事很厉害吧！

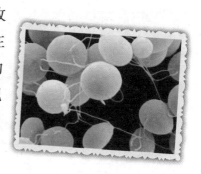

## 生长环境

小球藻富含小球藻生长因子，这种因子可作为食品风味改良剂，广泛应用于食品及发酵领域。小球藻是世界上较早被开发的藻类蛋白，它不仅蛋白质含量高，氨基酸组成合理，还含有许多丰富的生物活性物质。

## 生存力强

小球藻是数亿年前就已经在地球上繁衍的生物。不管是生态环境的巨变，还是自然灾害的侵袭，都没能毁灭它。但一直到人类发明了显微镜以后，生物学家拜尔尼克博士才发现了小球藻这种神奇的生物。

小球藻片

# 科学帮你揭开自然的秘密！

**奇趣小·百科**　你不知道的百科内容都在这里哦！

**自然百科音频**　随时随地畅听科普知识。

**科学冷知识**　你需要知道的冷知识都在这里哦！

**好书推荐**　看不够的经典作品等你来。

微信扫码

添加【智能阅读向导】

送给孩子的**科普探索系列**

SONG GEI HAIZI DE KEPU TANSUO XILIE

# 昆虫百科

国内知名科普作家、动物学者 **陈尽** 审阅

刘敬余/主编

北京出版集团
北京教育出版社

**图书在版编目（CIP）数据**

昆虫百科 / 刘敬余主编.—北京：北京教育出版社，2020. 8
（送给孩子的科普探索系列）
ISBN 978-7-5704-2607-2

Ⅰ.①昆… Ⅱ.①刘… Ⅲ.①昆虫－儿童读物 Ⅳ.①Q96-49

中国版本图书馆CIP数据核字（2020）第144523号

# 送给孩子的科普探索系列

刘敬余 / 主编

\*

北 京 出 版 集 团
北 京 教 育 出 版 社　出版
（北京北三环中路6号）
邮政编码：100120
网址：www.bph.com.cn
北 京 出 版 集 团 总 发 行
全 国 各 地 书 店 经 销
天津千鹤文化传播有限公司印刷

\*

880mm×1230mm　32开本　10印张　220千字
2020年8月第1版　2022年4月第3次印刷

ISBN 978-7-5704-2607-2
定价：60.00元（全四册）

# 目录

CONTENTS

**第一章　认识昆虫**

昆虫到底什么样 / 2

昆虫的历史 / 3

昆虫的外部器官 / 5

**第二章　昆虫研究室**

灯笼小天使——萤火虫 / 8

弄翎大武生——天牛 / 10

会"拦路"的甲虫——虎甲虫 / 12

短跑运动员——步甲虫 / 13

戴"皇冠"的甲虫——花金龟 / 14

穿"毛衣"的甲虫——郭公甲 / 15

穿"花外套"的甲虫——瓢虫 / 16

和蚂蚁很像的甲虫——隐翅虫 / 18

瘦高个儿甲虫——三锥象甲 / 19

闪闪发光的精灵——闪蝶 / 20

蝶中小精灵——灰蝶 / 22

蛾中贵族——大蚕蛾 / 24

喜欢蜜糖的蛾——夜蛾 / 26

毒刺很威风——黄蜂 / 28

人类的邻居——长腹蜂 / 30

独来独往的"游侠"——泥蜂 / 32

流浪的"吉卜赛蚁"——行军蚁 / 34

攻击速度最快的动物——大齿猛蚁 / 36

植物杀手——蚜虫 / 37

款款点水的昆虫——蜻蜓 / 38

优雅的刀客——螳螂 / 40

雌雄大不同——白蜡虫 / 41

蚜虫的天敌——食蚜蝇 / 42

害虫终结者——赤眼蜂 / 44

最聒噪的害虫——蝉 / 46

"嗡嗡嗡"的"吸血鬼"——蚊子 / 48

群集成"云"——蝗虫 / 50

最会伪装的害虫——竹节虫 / 52

飞舞的讨厌鬼——蠓 / 54

凶狠的吸血虫——蚋 / 56

裹着面粉的害虫——粉虱 / 58

披甲的害虫——介壳虫 / 60

葡萄的死敌——葡萄天蛾 / 62

棉花最厌恶的虫——棉铃虫 / 64

危害梨树的害虫——梨实蜂 / 66

"放屁大王"——椿象 / 68

表里不一的坏家伙——金龟子 / 70

蚁中强盗——红蚂蚁 / 72

# 第一章
# 认识昆虫

　　昆虫是地球上种类繁多的物种之一。无论是在茂密的森林、无垠的草原、荒芜的沙漠，还是在开阔的农田、美丽的花园，你都可能会遇见它们。现在，让我们一起来认识它们吧。

# 昆虫到底什么样

夏天一到，昆虫立刻活跃起来。盘旋在河面上的蜻蜓、飞舞于花间的蝴蝶、嗡嗡叫的苍蝇……仔细观察，这些家伙在外形上有什么共同特征呢？

 **给昆虫画像**

昆虫大多会经历卵—幼虫—蛹—成虫的发育阶段。通常，我们判断某种动物是不是昆虫，从它的身体结构上就可以判断出来。

昆虫成虫的身体分为头、胸、腹3部分。头部有触角（1对）、眼、口器等；胸部有3对足，2对或1对翅膀，有些昆虫没有翅膀；腹部有节，两侧有气门（呼吸器官）。

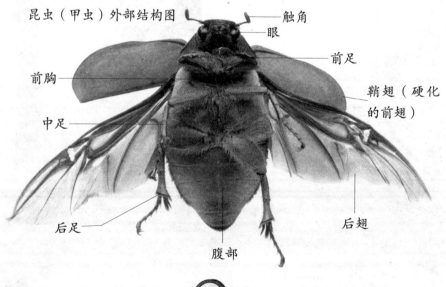

昆虫（甲虫）外部结构图

触角

眼

前足

鞘翅（硬化的前翅）

前胸

中足

后足

后翅

腹部

# 昆虫的历史

昆虫的祖先是生活在水中的，它们像蚯蚓一样，身体由许多环节组成，前端环节上生有刚毛。这些刚毛是昆虫祖先的感觉器官，在它们运动时不断触摸着周围的物体，帮助它们判断环境，寻找食物。

 **登陆**

经过数亿年的进化，昆虫的身体构造发生了巨大变化，多环节的身体已经能明显区分出头、胸、腹3大部分，它们也成功登陆，开始适应陆地上的生活。到了泥盆纪（4.17亿年前～3.54亿年前）末期，有些昆虫长出了翅膀。在泥盆纪以后的亿万年时间内，地球环境有过多次剧烈变化，一部分昆虫被大自然淘汰，一部分昆虫顽强地生存了下来。在这些适应了环境的昆虫中，有很多种类一直延续到现在。

巨脉蜻蜓化石

**进一步演化**

石炭纪（3.54亿年前～2.92亿年前）时期，地球上的植物十分繁茂。这一时期是昆虫演变最快的时期，出现了很多大型昆虫，

角蝉

比如巨脉蜻蜓。巨脉蜻蜓的翅展接近1米，和老鹰的翼展差不多。巨脉蜻蜓是地球上有史以来最大的昆虫，以其他昆虫和小型爬行动物为食。这种昆虫飞翔能力一般不高，有些科学家甚至认为它们只是在滑翔，而非真正飞翔。

 **灾难降临**

到了中生代（2.5亿年前～6550万年前）时期，昆虫经历了恐怖的灾难：地球干旱，植物大面积死亡，只剩下水边的小面积森林。此时昆虫的食物严重不足，一部分昆虫被大自然淘汰了，剩下的昆虫也生存得十分艰难。

 **白垩纪至今**

好在到了中生代后期的白垩纪（1.42亿年前～6550万年前）时期，这种艰难的局面被打破了。白垩纪时期，地球上的近代植物群已经形成，显花类植物种类增加，依靠花蜜为生的昆虫和捕食性昆虫的数量不断增多。这一时期，哺乳动物和鸟类的数量大幅增加，寄生在其他动物身上的昆虫也出现了。

至此，现代昆虫的类目基本确定。

椿象

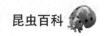

# 昆虫的外部器官

下面我们来了解一下昆虫的外部器官。昆虫的外部器官分布得非常合理：感觉器官和取食器官分布在头部，运动器官分布在胸部，新陈代谢器官和生殖器官分布在腹部。

 **头部器官**

昆虫的头部有口器、触角、眼。

口器是昆虫的取食器官，主要分为咀嚼式口器、刺吸式口器、虹吸式口器、舐吸式口器、嚼吸式口器等。

触角是昆虫的感觉器官，有触觉和嗅觉的功能。某些昆虫还利用触角听声音、平衡身体、辅助呼吸等。

昆虫的眼分为复眼和单眼两种。复眼由无数个六边形小眼组成，能够帮助昆虫有效地确定自己与猎物、敌人之间的距离，进而在最短时间内做出捕食或逃跑的动作。单眼的视觉功能非常弱，仅能感觉到光的强弱，无法看清物体的具体

鞭节　　柄节　　棒状触角　　鳞翅　　膜翅　　鞘翅　　半鞘翅

形象、位置。单眼分背单眼和侧单眼两种，侧单眼只有部分幼虫才有。

开掘足　携粉足

步行足　　步行足　　捕捉足

复眼

 **胸部器官**

昆虫的胸部有足和翅。

昆虫的足有很多类型，有步行足、跳跃足、捕捉足、开掘足、游泳足、抱握足、携粉足等。从这些名称上就能知道昆虫的足的功能，比如携粉足，就是可以携带花粉的足，蜜蜂的后足就是携粉足。

昆虫的翅多为三角形，分为膜翅、鳞翅、缨翅、覆翅、鞘翅、半鞘翅、平衡棒等。各种翅的名称都是根据翅的形态来命名的，比如鳞翅，就是均匀覆盖着细小鳞片的翅膀，如蝴蝶的翅膀。

 **腹部器官**

昆虫的腹部一般由9～11节构成。1～8节各有一对气门，这是昆虫的外呼吸孔。8～9节上，有昆虫的外生殖器。昆虫妈妈通过外生殖器和昆虫爸爸交配，就能生下昆虫宝宝啦！

# 第二章
# 昆虫研究室

　　昆虫是地球上分布区域最广的动物，白雪皑皑的高山上、烈日炎炎的沙漠里、流水潺潺的江河中、绿意浓浓的草原上……随处可见它们的身影。接下来，就让我们一起走进昆虫的世界，好好认识一下它们吧！

# 灯笼小天使——萤火虫

夏天的夜晚，我们经常能看见一些闪闪发光的小虫在草丛间飞来飞去，仿佛是提着灯笼的小天使在为迷路的小动物们照亮回家的路。这些发光的小飞虫就是萤火虫。

 **会发光的甲虫**

萤火虫是萤科甲虫的通称，体长0.8厘米左右，扁扁的，头部长有半圆球形的眼睛。

为什么大多数昆虫不会发光，而萤火虫却会一闪一闪地发光呢？这个秘密就藏在萤火虫的肚子里。萤火虫腹部有专门的发光细胞。发光细胞内的荧光素在荧光素酶的催化下，

与氧气产生一连串的反应，反应过程中产生的能量，几乎都以光的形式释放出来。所以萤火虫的腹部才会发光。但并不是所有萤火虫都会发光，某些种类的雌萤火虫就不会发光。

不同种类的萤火虫会发出不同颜色的光，主要有黄色光、绿色光、红色光、橙红色光。

 ## 雌雄大不同

雄性甲虫和雌性甲虫大多长得比较像，只是身材大小略有不同而已，而萤火虫是个例外。

雄性萤火虫双翅轻盈，能够在空中翩翩起舞；雌性萤火虫的双翅大多已经退化，无法飞翔。每到夜晚，雄性萤火虫就会燃起"灯笼"，一闪一闪地向趴在草叶上的雌萤火虫表达爱意。如果雌性萤火虫发出强光回应，雄性萤火虫就会心花怒放，迅速飞向自己的"爱人"。

# 弄翎大武生——天牛

炎热夏季的傍晚，我们在园林里散步的时候，经常能在树上看见一种触角比身体还长的昆虫，这就是天牛。如果你抓着天牛的身体不放，它们会一边用力挣扎，一边发出"咔嚓咔嚓"的声音，跟锯树的声音特别像；天牛幼虫蛀食树干，使树木容易折断，所以人们又给天牛起了个形象的别称：锯树郎。

## 长长的触角

天牛体长0.4～11厘米，呈椭圆形，背部略扁，常趴在树上一动不动，看上去没有一点儿特别之处。不过，当亮出自己的终极武器——触角时，天牛就会立刻变得威武起来。

天牛的触角极长，一般都超过体长，甚至达到体长的2倍。生活在我国华北地区的长角灰天牛，其触角长度可达自身体长的4～5倍。天牛的触角能向后贴覆在背上。触角旋转时非常有韵律，仿佛京剧武生在舞动头上的雉鸡翎，颇为豪情万丈。

## 会造"屋"的幼虫

天牛的幼虫和它们的爸爸妈妈长得一点儿都不一样，身

天牛幼虫

天牛

天牛

体呈黄白色，胖嘟嘟的，看上去非常可爱。古人常用"领如蝤蛴"来形容女性白润丰满的颈部。"蝤蛴"即天牛的幼虫，可见天牛幼虫在古人眼里是美丽丰润的代表。

实际上，天牛幼虫的行为一点儿也不美丽。它们藏在树皮底下，利用锋利的口器啃食树干、树根、粗枝，留下或弯或直的坑道。坑道内满是天牛幼虫的粪便和细碎的木屑，有时还能看到大树流出的汁液。这些汁液仿佛是大树的眼泪，在控诉天牛幼虫的恶行！

天牛幼虫在化蛹之前，会啃食出一个较宽的坑道作为蛹室，并用纤维和木屑封住蛹室的两端，然后就在蛹室内沉沉地睡了。它们这一觉，时间有长有短，短的一般是几个星期。幼虫沉睡时间的长短，与它们居住的树木的健康状况有很大关系，如果居住的树木水分充足、枝干繁茂，幼虫沉睡的时间就短。

# 会"拦路"的甲虫——虎甲虫

**很**多甲虫都喜欢在傍晚出来活动，因为这个时候比较安全。虎甲虫可没这种安全意识，它们最喜欢在光线充足的白天捕食。

 **贪吃的虎甲虫**

虎甲虫体长2厘米左右，复眼突出，色彩鲜艳。大多数虎甲虫是绿色基底上夹杂着金绿色或金色的条纹，两侧均匀分布着斑点。

虎甲虫

虎甲虫非常贪吃，一整天都在忙一件事——捕捉各种小虫。被虎甲虫盯上的小虫，大多逃不掉被吃的命运，因为虎甲虫奔跑的速度特别快，而且能低飞捕食猎物。

虎甲虫只有在"拦路"的时候，才会停下捕食的脚步。当人走在路上时，虎甲虫会大马金刀地拦在路中间；当人向前迈步时，它们又会低飞后退，在人前方不远处继续"拦路"。难道它们将"拦路"当成了有趣的游戏？

扫码畅玩
- 昆虫动画课堂
- 趣味性格测试
- 冷知识知多少

# 短跑运动员——步甲虫

**步**甲虫一旦受惊，就会立刻迈开6条有力的细腿，"噔噔噔"跑出好长一段距离，感到安全后才会停下来。如果还是没逃掉，步甲虫会使出最后一招——装死。

##  夜行的猎手

步甲虫中等身材，大多呈黑色或者褐色，常带金属光泽。少数步甲虫外表颜色鲜艳，带有黄色斑块。虎甲虫白天出现，而步甲虫夜间出现，这是二者最大的区别。

每当夜幕降临，步甲虫就出来觅食了。步甲虫不善飞翔，但奔跑迅捷，往往在猎物还没反应过来的时候，就已经捕猎成功了。

## 会"放炮"的射炮步甲

射炮步甲是步甲虫军团的炮手。它们在遇到危险时，会将尾部对着敌人，"砰"的一声，发射出有毒的"炮弹"，以达到自保的目的。

射炮步甲

# 戴"皇冠"的甲虫——花金龟

**花**金龟有着色彩明亮而有光泽的甲壳，大多还带有彩色的花纹；头部有一个大小不等的突起，看起来像"皇冠"一样，非常威严。

 **热感应器**

虽然在世界各地都能见到花金龟的身影，但热带才是它们最喜欢待的地方。有些花金龟的中足基部有热感应器，能探知更温暖的地方。这类花金龟会依靠热感应器来寻找刚着过火的森林等温度高的地方，因为这类地方更适合交配和产卵。

 **依靠背部行走的幼虫**

花金龟的幼虫特别有趣。它们大多蜷缩成"C"形，生活在土壤下，很少离开自己的"屋子"。如果你将它们挖出来放在地面上，就会看到这样一幕：它们好像不好意思见人似的，急忙伸缩背部的肌肉，一扭一扭地向前爬去。

# 穿"毛衣"的甲虫——郭公甲

**在**亚热带和热带地区，人们经常能见到一种穿着"毛衣"的甲虫，它们就是郭公甲。郭公甲的身上布满了长长的毛，好像穿着一件毛衣。

郭公甲

## 奇特的食性

甲虫大多喜欢吃植物的茎叶或捕食其他小昆虫，也有喜欢吃动物尸体的。然而，这些美味的食物，却无法引起大多数郭公甲的兴趣。大多数郭公甲喜欢抢人类的食物吃，腌肉、干鱼、椰子干、无花果干等，都是它们的最爱。人类贮存食物的仓库是它们最喜欢待的地方。所以，郭公甲理所当然地成了人见人恨的仓库害虫。

## 正义的幼虫

与破坏干果和腌制品的郭公甲成虫相比，郭公甲的幼虫简直是正义的化身。它们大多喜欢吃蛀木虫的幼虫，将破坏竹、木组织的害虫消灭在萌芽期。某些郭公甲的幼虫也吃蝗虫的卵。

# 穿"花外套"的甲虫——瓢虫

瓢虫长得很漂亮，经常出没在田间、花园里。它们或飞舞在树间，或爬行于花茎，或栖息在叶片下面，看起来悠然自得。

##  漂亮的外形

瓢虫长得像半个小球，头部小小的，有一半缩在壳里，6条腿又细又短。当瓢虫缩回腿，趴在草叶上时，它们看上去就是一个弧线流畅的半球体，有趣极了！

世界上已发现的瓢虫有5000余种，有的体表光滑，有的多毛。但无论哪一种瓢虫，都穿着一件"花外套"：鞘翅呈红色、黄色、橙黄色或红褐色等，有明亮的光泽，并分布着黑色、红色或黄色的斑点。

##  成长的过程

瓢虫的成长速度非常快，从卵到成虫只需要1个月左右的时间。瓢虫妈妈将卵产在温度适宜、食物充足的地方，这样等幼虫出生后，就能吃到鲜美而充足的食物。幼虫的长相和父母不一样，它们是软软的肉虫子，呈节状，体表有坚硬的毛，这些毛是它们自保的武器。

为了储备化蛹的能量，幼虫

没日没夜地吃东西。每蜕皮一次，幼虫的胃口就变得更大一些。蜕皮五六次后，幼虫就会找一个安全的地方，将自己挂在叶子底下，开始化蛹。在蛹内完成身体的转化，瓢虫成虫就出世了。刚出蛹的瓢虫，壳的颜色浅浅的，触感很柔软，尚未达到健康标准。它们要将自己暴露在阳光下几个小时，壳才会逐渐变硬，体色也才逐渐加深，斑点亦显现出来。

## 无恶不作的茄二十八星瓢虫

茄二十八星瓢虫恶贯满盈，是无恶不作的害虫。它们喜欢吃叶肉，将叶子吃得只剩下叶脉；它们还喜欢吃果皮，导致果肉组织僵硬、粗糙、有苦味。很多植物都深受其害，如茄子、马铃薯、番茄等。

## 疾恶如仇的七星瓢虫

七星瓢虫是"活农药"，对危害农作物的害虫恨得咬牙切齿，必除之而后快。麦蚜、棉蚜、槐蚜、桃蚜等，都是七星瓢虫捕食的目标。此外，二星瓢虫、四星瓢虫、六星瓢虫、十二星瓢虫、十三星瓢虫、大红瓢虫、赤星瓢虫也是益虫。

# 和蚂蚁很像的甲虫——隐翅虫

**很**多人都会将隐翅虫误认作蚂蚁，因为它们和蚂蚁颜色相似、体长相近，就连头、胸、腹的比例也差不多。

##  外形特征

隐翅虫体长一般不超过1厘米，体表光滑，呈褐色或者黑色。少数种类的体表会有刻纹及艳丽的颜色或体毛。鞘翅短而厚，后翅发达，后翅平时藏在鞘翅下面，不易被发觉，"隐翅虫"一名由此而来。一有敌情，它们就会迅速展开后翅，飞离险地。

##  带毒的小家伙

看似弱小的隐翅虫，有些种类也是不好惹的家伙。毒隐翅虫身体里含有"隐翅虫素"，这种物质具有很强的刺激性，与皮肤接触15秒左右，就会使皮肤起疱、溃烂，同时还伴有剧烈灼痛感。

为了不被毒隐翅虫伤害，我们要保持室内外卫生；采取一些驱虫措施，如喷洒花露水。若隐翅虫停留在我们的皮肤上，千万不要用手直接拍打它，应用嘴吹气将其赶走。到郊外游玩时，我们要做好必要的防护，尽量穿长袖上衣和长裤。

隐翅虫

# 瘦高个儿甲虫——三锥象甲

三锥象甲和象鼻虫是近亲，但二者长得可不太一样：象鼻虫身材圆润，看起来憨态可掬；三锥象甲却身体细长、消瘦，看起来瘦骨嶙峋。下面，就让我们一起走进三锥象甲的世界吧！

## 独特的外貌

三锥象甲体形细长，身体两侧均匀分布着6条腿，体表大多呈黑色、褐色或者黄色，坚硬的鞘翅上有黄色的斑纹。细长的头上有一个长且直、向前伸出的口器，触角位于口器前端，微微弯曲。

三锥象甲被捕食

对于雌三锥象甲来说，它们的嘴巴不仅是取食的工具，也是修筑产房的利器。产卵之前，雌三锥象甲用长长的嘴巴在枯木上钻出一个大小和深浅都合适的孔洞，然后小心翼翼地把卵产在里面。幼虫出生后，就取食腐烂木材中的真菌。

一般情况下，雄三锥象甲的嘴巴比雌三锥象甲的嘴巴短。

# 闪闪发光的精灵
## ——闪蝶

**在**蝴蝶王国中，闪蝶科是一个小家族，只有几十种，多数分布在南美洲热带雨林地区，少数分布在北美洲南部。尽管"人丁单薄"，但闪蝶很有名气。

### 蝶中维纳斯

如果在蝴蝶王国选美的话，闪蝶一定是有实力的选手之一。要知道，它们的学名来自希腊语，采用的是美与爱之神维纳斯的名字，由此可见它们有多美丽。在任何博物馆或蝴蝶展览厅里，闪蝶都是人们关注的焦点。

闪蝶属于大型蝴蝶，最小的闪蝶翅展为7.5厘米左右，最大的则超过20厘米。它们的飞翔能力很强，漂亮的翅膀闪耀着蓝色、绿色、紫色的光泽，如梦似幻，宛若精灵。不过并非所有的闪蝶翅膀都能闪烁。

### 知名种类

闪蝶科中比较著名的品种有海伦娜闪蝶、太阳闪蝶、月亮闪蝶、梦幻闪蝶、蓝闪蝶等。

海伦娜闪蝶又叫光明女神闪蝶，被一些人誉为世界上最美丽的蝴蝶。它们的翅膀大而华美，翅膀展开最长可达10厘米。雄蝶比雌蝶漂亮得多，翅膀上闪烁着金属般的蓝色、绿白色或橙褐色光泽，宛若蔚蓝的大海上涌动着朵朵浪花，十分壮观。

太阳闪蝶又叫太阳女神闪蝶，体形很大，最大翅展可达20厘米，整个翅面的色彩和花纹犹似日出东方、朝霞满天，极为绚丽。

月亮闪蝶又叫月亮女神闪蝶，和太阳闪蝶相反，它们的整个翅面颜色清幽，仿佛月亮的清辉洒遍大地。

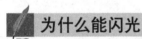

## 为什么能闪光

为什么很多闪蝶的翅膀能闪光呢？这得归功于它们翅膀独特的结构。

我们用手捉蝴蝶时，手上会粘一些"粉末"，这些"粉末"其实是蝶翅上的鳞片。闪蝶的鳞片在结构上比一般蝴蝶的复杂得多，是由多层立体的"栅栏"构成的。当光线照射到闪蝶翅膀上时，翅膀会产生折射、反射和绕射等物理现象，进而闪烁出彩虹般的绚丽色彩。

# 蝶中小精灵——灰蝶

**在**蝴蝶种族中，有这样一群小精灵：它们身材小巧，身姿轻盈，喜欢在阳光下起舞，喜欢贴近地面飞行。这群小精灵就是灰蝶。大家千万不要被这个名字给骗了，灰蝶其实有很多种颜色，可漂亮了。下面，就让我们一起来了解一下蝶中小精灵吧。

蓝灰蝶

 **亮丽的外形**

灰蝶翅膀的正面常呈红、橙、蓝、绿、紫、古铜等颜色，并带有微微的光泽，非常好看。更奇特的是，灰蝶翅膀的背面一般都呈灰暗的颜色，并带有暗色斑点或条纹，与正面形成鲜明对比。很多灰蝶的后翅上有眼斑或者斑带，这些是用来吓唬敌人的。雄性灰蝶前足退化，翅膀颜色大多比较

艳丽；雌性灰蝶前足完好，翅膀色彩较雄蝶暗淡。

## 身材小，本领大

灰蝶属于小型蝶，大多数灰蝶的翅展仅2厘米左右，仿佛一阵微风就能将它们吹个跟头似的。绝大多数灰蝶的分布具有很强的地域性，它们对生存环境要求很高，并且对周围环境的变化反应灵敏。一旦所处环境变了，它们就立刻迁移，毫不留恋。因此，在陆地生物多样性保护中，灰蝶种类和数量的变化被视为生态环境监测的一项重要指标。

## 蚂蚁当保镖

灰蝶属于完全变态昆虫，幼虫看起来好像鼻涕虫，身体扁平，一点儿也不好看。

灰蝶幼虫身体软弱，也没有什么防身的武器，一不小心就会被捕食者吃掉。为了能平安长大，它们"雇"了数不清的保镖——蚂蚁。原来，灰蝶幼虫的腺体能分泌出一种蜜露，而这是蚂蚁最爱吃的"糖果"。为了能随时吃到甜滋滋的"糖果"，蚂蚁就主动担负起了保护灰蝶幼虫的任务。

# 蛾中贵族——大蚕蛾

**如**果在蛾中选美的话，大蚕蛾家族一定会名列前茅；即使它们中的某个种类拿了冠军，对手们也不会感到意外。

## 蛾中贵族

大蚕蛾又叫凤凰蛾，是名副其实的蛾中贵族。大蚕蛾体形巨大，翅展数厘米，前翅呈三角形，某些种类的后翅上还有尾突。另外，大蚕蛾色彩艳丽。蛾类大多色彩暗淡、单调，大蚕蛾却给自己套上了艳丽的"外衣"，呈黄色、橙色、绿色、红褐色等，翅膀上还带有夸张的斑纹。

## 长尾巴的大蚕蛾

某些种类的大蚕蛾长着漂亮的尾突，常见的有长尾大蚕蛾、绿尾大蚕蛾。

长尾大蚕蛾是在我国比较常见的大蚕蛾。它们的尾突长长的，如同在后翅上挂着两条别致的飘带，随着飞行节奏一上一下地舞动。

绿尾大蚕蛾的翅膀呈淡淡的绿色，尾

突虽然不像长尾大蚕蛾的那么长，但却别有一番美丽：清新的绿色，柔软的质感，如同女孩纱裙的裙角，随着微风轻轻摇曳，带着一种美感。

### 乌桕大蚕蛾

乌桕大蚕蛾是大蚕蛾科中体形最大的一个种类，翅展一般为18～21厘米，因此又被称为"皇蛾"。在巨大双翅的映衬下，乌桕大蚕蛾那毛茸茸的腹部看起来好像是迷你小香肠。

长尾大蚕蛾

乌桕大蚕蛾的翅膀大多呈红褐色，布有整齐的白色、紫红色、棕色线条。前、后翅的中央各有一块透明的三角形斑块。前翅有突出的顶角，沿着前翅的边线微微向下弯曲，形成一个圆润的弧度。

随着环境的恶化，乌桕大蚕蛾栖息的范围越来越小，再加上人类的过度捕捉，乌桕大蚕蛾的数量急剧减少。为了保护这种稀有的蛾，我国已经将乌桕大蚕蛾列为国家保护动物。

乌桕大蚕蛾

# 喜欢蜜糖的蛾——夜蛾

夜蛾

**夜**蛾十分喜欢蜜、糖等好吃的食物，它们只要发现就会毫不犹豫地飞身上前，大口吮吸。不过那些甜甜的东西，常常是人们布下的陷阱。

 **夜蛾的外形**

夜蛾中等大小，翅膀颜色暗淡，少数种类的后翅有艳丽的色彩或斑纹。不同种类的夜蛾，触角也不同，有线状、锯齿状、栉状等。夜蛾吸管状的口器非常发达，有些甚至能刺穿果皮，平时蜷曲起来，取食时伸直。

夜蛾与其他蛾类最大的区别是它们具有长长的下唇须，有钩形、镰形、三角形等多种形状，仿佛是长长的胡子。某些种类的夜蛾，下唇须长得可以向上弯曲到胸背部。

夜蛾只在夜间活动，白天隐藏在阴暗处睡大觉，因此得名"夜蛾"。大多数夜蛾是素食主义者，只喝点儿果汁、蜜露等；少部分夜蛾是肉食主义者，喜欢吃一些小昆虫，比如，紫胶猎夜蛾就喜欢捕食紫胶虫。

夜蛾

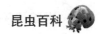

## 四处作恶的幼虫

夜蛾种类繁多，其幼虫也多种多
样，有黏虫、小地老虎、黄地老虎、
棉铃虫等。无一例外，它们都是臭名
昭著的害虫。

夜蛾幼虫

黏虫什么植物都吃，稻、粟、玉
米、棉花、蔬菜等，都是它们取食的对象。小时候，它们多
藏在叶心里，悄悄进行破坏；长大一些后，它们就变得胆大
妄为起来，明目张胆地钻出叶心，吃光整个叶片。

黏虫取食叶片，伤害植物的地上部分；地老虎则隐藏在
地下，偷偷啃食植物根茎，导致植物死亡。

## 能躲过蝙蝠的追捕

夜蛾胸前有个鼓膜器，这让夜蛾能"听"到超声波。
当蝙蝠用超声波探测猎物时，夜蛾能轻松"听"见，及时避
开。

夜蛾腿关节上有振动器，也能发出超声波，使蝙蝠的超
声波定位发生偏差。

有些夜蛾的身上长有厚厚的绒毛，能吸收蝙蝠发出的超
声波，使蝙蝠收不到足够的超声波回声而判断失误。

# 毒刺很威风——黄蜂

**和**勤劳可爱的蜜蜂相比，黄蜂抢夺食物、猎杀动物、蛰人，无恶不作。而且，它们小肚鸡肠，稍微受到一点儿侵犯，就会成群结队地攻击对手，一点儿情面都不留。

 **身材苗条，性情暴躁**

黄蜂和蜜蜂一样，也是膜翅目昆虫。不过，和温婉的蜜蜂相比，黄蜂的脾气真是太暴躁了，动不动就用尾部的螫针蛰人，常常将人蛰得鼻青脸肿，甚至致人死亡。不过雄黄蜂不会蛰人，因为它们没有毒针。和蜜蜂不同的是，雌黄蜂蛰人后一般不会死，因为其毒针没有与内脏相连，即使丢掉毒针，也不会将内脏带出体外。

黄蜂穿着黄褐色或黑黄色相间的"外衣"，体表光滑少

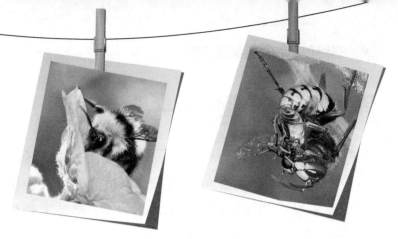

毛，脑袋大大的，翅膀透明，腹部为椭圆形。黄蜂的腰长而细，非常优美，古人形容女子腰细而美时，常用"蜂腰"一词。

## 筑巢本领高

虽然黄蜂"烧杀抢掠"，无恶不作，但它们却是不折不扣的筑巢能手，总是将巢穴建得安稳妥当，让蜂王和幼虫过得舒舒服服的。筑巢时，它们先将朽木、干草等嚼碎，然后利用口中的分泌物黏合被嚼成糊状的木质纤维，建筑成巢。这种巢穴一般挂在树上或者檐下。

还有一些黄蜂将巢穴建在地下或者土墙内。从表面看，只能看到一个小指粗的空洞，仅容一两只黄蜂进出。但挖掘开来，会发现内部有不计其数的"房间"，整整齐齐地排列着，让人赞不绝口。

# 人类的邻居——长腹蜂

**在**昆虫王国中，有很多成员都和人类比邻而居，长腹蜂就是其中的一员。它们姿态优雅，但性格孤僻，习惯于默默无闻地待在偏僻的角落，所以即便它们和我们住在一起，我们也不一定见过它们，现在就让我们把它们从幕后请出来吧！

 **长腹蜂的特征**

长腹蜂有金毛长腹蜂和白毛长腹蜂两种。长腹蜂后背上生有一对透明且带有花纹的膜状翅膀，飞行速度很快，很难捕捉。

长腹蜂是一种畏寒喜暖的昆虫，它们喜欢住在温暖的阳光下。当然，人类的房屋因为要生火取暖或者烹饪菜肴，便会产生各种热气，所以更受它们的欢迎。不过，这些热气也会给长腹蜂带来困扰，因为它们飞行的道路经常会被锅里冒出的热气或者烟雾阻挡。

长腹蜂

**用烂泥筑巢**

长腹蜂生活在南方，它们不喜欢城市中的高楼大厦，对乡村情有独钟，这是因为它们在城市中很难找到用来筑巢的材料。难道它们要用很稀有的材料来盖房子吗？当然不是。事实上，它们筑巢用的是在农村很常见的烂泥。

如果附近恰好有条小溪，长腹蜂会去溪边采集一些湿软、细腻的泥巴。如果没有小溪和河流，那充满烂泥的污水坑，长腹蜂也不嫌弃。

长腹蜂建筑的蜂巢只是粘在一个支撑物上的一堆泥巴，没有做任何特殊的黏性处理。一遇到雨水，蜂巢就会变成一堆烂泥。这样的蜂巢并不适合建在户外，因此它们偏爱人类的房子。因为，在人类的房子里筑巢，不但能保护蜂巢，还可以抵御寒冷。

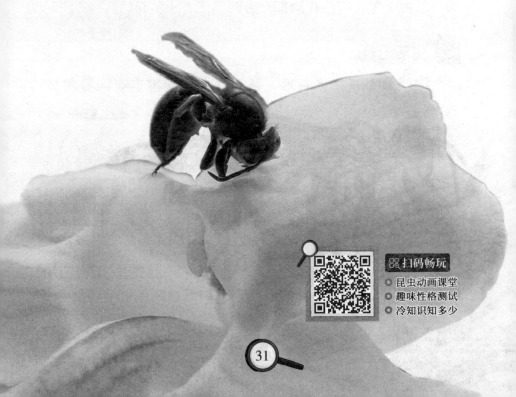

扫码畅玩
昆虫动画课堂
趣味性格测试
冷知识知多少

# 独来独往的"游侠"——泥蜂

**与**喜欢群居的蜂种相比,泥蜂显然更喜欢安静地独处,它们不会扎堆生活,很少成群结队地集体行动,俨然是大自然中独来独往的"游侠"。

 **泥蜂素描**

泥蜂的体形和体色多样,有红色或黄色斑纹,体长2～5厘米,体壁坚实。

泥蜂的口器多为咀嚼式或嚼吸式,上颚发达,足细长。雌性泥蜂的腹部末端螯刺发达。泥蜂幼虫和成虫的差别很大,幼虫无足,有些在胸部和腹部侧面有小突起。

 **生活习性**

泥蜂分布在世界各地,甚至在北极圈内也有泥蜂的足

迹。可见，泥蜂的生存能力很强。

泥蜂不喜欢"集体宿舍"，虽然若干只雌蜂会共用一个巢口和通道，但每只雌蜂会再单独为自己修筑一个"卧室"。

泥蜂的筑巢工序非常复杂，一般会选择在土中筑巢，泥蜂巢的结构、巢室的数量、入口处的形状因不同属或种而异。

巢筑好了之后，泥蜂便开始在巢室内产卵，之后将事先捕到的猎物与卵一起封闭在巢室内。待幼虫孵出后，可以直接食用猎物，直到化蛹。也有少数种类泥蜂的幼虫孵出后，由雌蜂经常捕食猎物来饲养。

 ## 泥蜂的喜好

相对于黄蜂来说，泥蜂和善多了，它们没有什么领土意识，也不会主动攻击人类，因此，很多昆虫爱好者都喜欢将泥蜂作为观察目标。泥蜂一般喜欢生活在干燥、僻静、人烟稀少、野花盛开的地方，如风景秀丽的高山、宽阔无垠的大草原……

# 流浪的"吉卜赛蚁"——行军蚁

**在**文学作品和影视作品中，"吉卜赛人"是流浪、自由的象征。在蚂蚁王国中，也有这么一群"吉卜赛蚁"，它们就是行军蚁。

## 行军蚁的外观

行军蚁大军

行军蚁是一种迁移性蚂蚁，没有固定的巢穴，一个行军蚁群体有200万只左右。它们呈黄褐色或栗褐色，腹部颜色较胸部淡；头部略方，顶着长长的触角；大型工蚁无复眼。行军蚁群体中也分蚁后、雄蚁、工蚁、兵蚁4个品级。蚁后负责生宝宝；雄蚁负责交配；工蚁负责照顾蚁群；兵蚁负责打仗。

幼蚁

## 团队狩猎

行军蚁非常团结，捕猎时，它们会在领头蚁的带领下以纵队追逐猎物，或以横队包围猎物。一旦猎物进入它们的狩猎范围，它们就会蜂拥而上，用尖利的颚紧紧咬住猎物。几只行军蚁并不可怕，但密密麻麻的行军蚁一齐咬住一个猎物，那猎物就几乎没有逃脱的可能了。而且，行军蚁的唾液有毒，具有麻醉作用，会让猎物无法动弹。

蟋蟀、蚱蜢、老鼠，甚至野牛，都是行军蚁的美食。

## 不怕牺牲

行军蚁是一种具有奉献精神的昆虫。夜幕降临，气温变低，工蚁就互相咬在一起，形成一个球形的网，将兵蚁、小蚂蚁、蚁后围在里面。球形的网内温暖如春，球形的网外寒冷异常，很多工蚁可能被冻死，但它们毫不畏惧。

遇到水沟，部队前进受阻时，工蚁就立刻咬成数个团，"叽里咕噜"地滚进水里，甘当大部队过河的"垫脚石"。很多工蚁都被冲走或淹死了，但它们毫不退缩。

# 攻击速度最快的动物——大齿猛蚁

**大**齿猛蚁，顾名思义，"牙齿"发达，性情凶猛。此外，它们奔跑速度极快，令敌人闻风丧胆。

## 爱群居、爱炎热

大齿猛蚁一个家族一般由蚁后、雄蚁和工蚁组成。蚁巢多数在地下、石下或地上，由细枝、沙或砾石筑成。它们喜欢炎热的气候，所以在热带和亚热带地区很常见。

## 攻击速度最快

据称，大齿猛蚁是地球上攻击速度最快的动物。大齿猛蚁合嘴咬住猎物所用的时间平均为0.13毫秒，比人类眨眼速度快2300倍。

大齿猛蚁不仅速度奇快，咬合力也非常大。虽然这种蚁的体重不过12.1～14.9毫克而已，但它们每合一次嘴，上下颌的咬合力能达到其体重的300倍。

攻击速度这么快，力气又这么大，猎物们可倒霉了。不过大齿猛蚁也不是常胜将军，偶尔也会有行动敏捷的小昆虫侥幸逃生。

# 植物杀手——蚜虫

**现**在要声讨的害虫是蚜虫。七星瓢虫已经怒气冲冲地准备进攻了，但是一向受人尊敬的蚂蚁却马上出来劝阻，还为蚜虫说好话。这是为什么呢？

## 被蚂蚁保护的丑八怪

蚜虫的身体又小又软；触角有3～6节；翅膀有2对，有的没有翅膀；腹部有1对管状的腹管，用以排出可迅速硬化的防御液，腹部的基部粗，越向上越细；表皮光滑，上有斑纹；体毛尖锐。别看蚜虫这么丑，它们还有自己的"保镖"——蚂蚁，因为蚂蚁贪图蚜虫分泌的含糖分的蜜露。

蚜虫

## 植物间的瘟神

蚜虫是粮、棉、油、麻、茶、烟草和果树等的害虫。在寻找寄主的过程中，它们借此传播了许多种植物病毒。同时，它们分泌出的一种透明黏稠物，阻滞了叶片的生理活动。更为严重的是，它们常以群集的方式来伤害嫩叶、嫩枝和花蕾，吸吮其汁液，甚至会导致植株枯萎、死亡。

# 款款点水的昆虫——蜻蜓

**翻**开诗集，关于蜻蜓的诗句比比皆是，如"点水蜻蜓款款飞""红蜻蜓小过横塘"等。蜻蜓究竟有什么魅力，让古往今来的文人如此着迷呢？

##  好看的外貌

蜻蜓是昆虫纲蜻蜓目的小动物，长着大大的复眼、长长的腹部。蜻蜓的翅膀非常有趣，休息时不像其他昆虫那样背在身后，而是平直伸在身体两侧，让整个身体看起来好像是个"十"字。

蜻蜓的腹部细长，大多时候都是直直地伸向后面，与身体保持在同一水平线上。不过，蜻蜓偶尔也会调皮地将腹部向内蜷曲，看起来像个面包圈。不同种类的蜻蜓，腹部也略有不同，有的是扁状的，有的是圆筒状的。

## 蜻蜓点水

人们所说的"蜻蜓点水"是蜻蜓在做游戏吗？当然不是了，这是蜻蜓妈

蜻蜓点水

妈在产卵呢。雌蜻蜓通过"点水"的方式，将卵产在水里或水草等植物上。蜻蜓卵孵化成若虫后，以捕食水中的小虫为生。

## 喷水式"火箭"

蜻蜓属于不完全变态昆虫，稚虫生活在水中，成虫生活在陆地上。蜻蜓稚虫被称为"水虿"，平时总是缓步慢行，一旦遇到危险，就会用力压缩腹部，将吸入腹中的水喷出，在水的反作用力推动下，身体急速前行，仿佛是一架喷水式"火箭"。水虿长大后，就会爬出水面，到水边的树枝或石头上，羽化成轻盈优雅的蜻蜓成虫。

## 捉虫高手

蜻蜓是益虫，蚊、蝇、蛾等都是它们的美餐。它们的捉虫技巧十分高超，能在1小时之内吃掉20只苍蝇或840只蚊子，可以有效地减少病菌传播，保护人类和动植物。

# 优雅的刀客——螳螂

**昆**虫王国里有这样一群佩带双刀的刀客，它们疾恶如仇，一旦发现蚊、蝇、蝗等，立刻伺机上前，抽刀斩灭。说到这里，大家知道这些刀客是谁了吗？答案就是螳螂。

螳螂

 **帅气的外表**

螳螂外表精致整洁，它们有纤细优雅的身材、轻薄如纱的长翼、灵活的三角头……看上去十分帅气。

你可千万不要被螳螂的外表骗了呀，它们其实很霸道。螳螂的前肢呈镰刀状，有锯齿，平时向内折叠，看起来好像在行拱手礼。其实这是它们在等待捕猎机会呢。基本上所有的螳螂都会拟态，将自己与环境融为一体，一旦猎物出现，它们就会用锋利的前肢将猎物狠狠抓住，然后再一点儿一点儿地吃掉。

**人类的好朋友**

螳螂常见于田间、林间，每年夏秋季节，田间害虫增多，螳螂就忙碌起来了。它们可消灭的害虫有数十种，常见的有蚊、蝇、蝗，以及蝶、蛾类的卵、幼虫、蛹、成虫等。

# 雌雄大不同——白蜡虫

**提**起白蜡虫，就要说到蜡烛了，雄性白蜡虫的幼虫在生长过程中分泌的蜡，是制作蜡烛的重要材料。白蜡虫在"蜡坛"上的历史地位，不容忽视。

## 蜡烛是怎么来的

早先制作蜡烛所需的蜡粉和蜡丝，是白蜡虫分泌的。

每年5月，雄性白蜡虫幼虫开始分泌白蜡，直到8月末。经过几个月的努力，白蜡虫已经被厚厚的白蜡包裹起来了，就像落在树上的一片雪花。

这些白蜡包裹的是雄性白蜡虫的蛹。采蜡工人将蛹采集下来，送到工厂加工，光滑的蜡烛就被制作出来了。而且，因为白蜡虫分泌的蜡具有熔点高、质地硬、透明度好、凝结力强等特点，还被广泛用于化工、医药等领域。

## 白蜡虫的"育婴房"

为了保护自己的孩子，雌性白蜡虫将卵产在坚硬的壳里。卵在这个安全的"育婴房"里度过孵化期后，长成若虫，就会离开妈妈的怀抱。

# 蚜虫的天敌——食蚜蝇

**如**果做一个最讨人厌的昆虫排名表，那么蝇类家族中的大部分成员绝对会上榜。不过有一种蝇却和其兄弟姐妹不同，它们不仅不会被人类讨厌，还会被人类亲切地称为益虫，它们就是食蚜蝇。

##  外形像黄蜂

食蚜蝇的外形很像蜂类家族中的黄蜂。成年的食蚜蝇体长可达4厘米，肚子上有黄色和黑色的斑纹。它们头部的触角很短，后背有一对膜状翅膀，腿和蜂类比起来较细。

##  生活习性多样

食蚜蝇喜欢阳光，它们在早春时出现，到春夏之交的时候大量繁殖，非常活跃。它们常常在花丛中飞舞，取食花粉、花蜜，并传播花粉，或吸取树汁。

因为种类很多，所以食蚜蝇的幼虫生活习性也很复杂。例如：腐食性种类以腐败的动植物为食，并在其中越冬；也有部分幼虫生活在污水中。此外，某些类群的幼虫生活在其他昆虫的巢

内，吞食已死的幼虫和蛹，以及某些动物的排泄物。

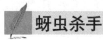
## 蚜虫杀手

蚜虫是地球上最具有破坏力的害虫之一，而食蚜蝇大部分种类的幼虫是蚜虫的天敌，在生物防治上是一股有效的力量。成虫在产卵的时候，通常都会把卵直接产在蚜群的附近甚至蚜群中，这样幼虫一孵化出来，就可以很快地找到食物。据统计，每只幼虫到化蛹前能吃掉数百只蚜虫，它们可真能吃呀！

## 伪装大师

食蚜蝇绝对算得上是昆虫王国中的伪装大师，它们本身无螯刺或叮咬能力，但为了自保，它们在体形、色泽上与黄蜂或蜜蜂相似，且能仿效蜂类做螯刺动作。有些体形较大的食蚜蝇甚至能把自己装扮得和熊蜂很像，并且能发出蜜蜂一样的嗡嗡声。它们这样做不仅能够躲过某些鸟类的捕食，还能吓跑自己的天敌。

# 害虫终结者——赤眼蜂

**警**报！警报！玉米田里出现了很多玉米螟，这些害虫正在疯狂地啃食玉米植株。农民伯伯赶紧去请求赤眼蜂支援。一段时间后，玉米螟被消灭了，赤眼蜂又立了大功。

##  赤眼蜂的长相

赤眼蜂是属于膜翅目的一种寄生性昆虫，从名字上我们就能看出来，它们的眼睛是红色的。赤眼蜂成虫体长0.36～0.9毫米，触角短，翅膀为膜质，翅面上有纤毛，有些种类翅面上的纤毛排成若干毛列。赤眼蜂腹部与胸部相连处宽阔，产卵器不长，常不伸出或稍伸出于腹部末端。

赤眼蜂科均为卵寄生，成虫交配后，雌蜂把受精卵产在寄主的卵内。随后，幼虫在寄生卵内孵化，然后把寄生卵的卵黄吃掉，一段时间之后，结成蛹，羽化后咬破寄主的卵壳，外出自由生活。

##  神奇的繁殖技巧

看到这里，也许你会产生这样的疑问：赤眼蜂是如何准确地找到适合寄生的卵的呢？原来，害虫在产卵时会释放一种信息素，赤眼蜂能通过这种信息素很快找到害虫的卵，它们在害虫卵的表面爬行，并不停地敲击卵壳，快速准确地找出最新鲜的害虫卵，然后在那里繁殖。

赤眼蜂在寄生卵内25℃恒温下，发育历期10～12.5天：卵期1天，幼虫期1～1.5天，预蛹期5～6天，蛹期3～4天。30℃恒温时历期仅8～9天。

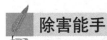

## 除害能手

赤眼蜂是世界上应用于农林害虫生物防治最广泛的一类寄生蜂，特别是在抑制许多鳞翅目害虫的大量繁殖上，赤眼蜂起着十分重要的作用。用赤眼蜂寄生产卵的特性防治农业害虫，不但对环境没有任何污染，保证人畜安全，还能保持生态平衡，可谓一举多得。

事实上，早在20世纪初期，美国就开始应用赤眼蜂防治各种害虫，效果非常好。我国在应用赤眼蜂防治玉米螟等害虫方面也取得了显著的效果。

扫码畅玩
● 昆虫动画课堂
● 趣味性格测试
● 冷知识知多少

# 最聒噪的害虫——蝉

夏天最聒噪的昆虫是什么？相信大家都会说是蝉。尤其在午后最炎热的时候，它们叫得最大声，让想要午睡的人恨得牙痒痒。可任你用尽千般办法，它们依然叫声洪亮。

 **悠长的生命历程**

蝉又叫知了，主要生活在温暖地带的森林、草原、沙漠，属于半翅目蝉昆虫，种类较多。

蝉的翅膀非常漂亮，透明且薄，翅脉清晰，据此，人们有"薄如蝉翼"的说法。

蝉属于不完全变态昆虫，一生要经历卵、若虫、成虫3个阶段。蝉的卵大多产在木质组织内，若虫孵出后会急慌慌地钻到地下，吸食植物根中的汁液。若虫经过几次蜕皮后，会变成成虫。

在昆虫王国中，蝉的长寿"举国闻名"。从卵开始计算，一般蝉的寿命有2～3年。不过，在美

国有一种蝉叫十七年蝉，它们的寿命可达17年，是蝉中的"长寿老祖"。这种蝉每隔17年就会大规模出土，引起很多昆虫学家和昆虫爱好者的兴趣。

## 危害大树的"吸血鬼"

蝉的成虫简直是危害大树的"吸血鬼"。它们有一个针状的口器，能刺入树干，吸食树液，致使大树营养流失。更过分的是，雌蝉将卵产在树枝的木质组织中后，还会绕着树枝底部，用口器刺出一圈小空洞，如同给树枝戴了一串项链。不过，这串"项链"没有让树枝变得更美丽，反而导致树枝上部因吸收不到养分而枯死。

蝉

## 蝉的趣闻

别看蝉的个头儿比蚂蚁大几十倍，可它们总被蚂蚁"欺负"。很多喜欢吃树液的蚂蚁，看到蝉刺出一个孔洞后，就会爬到蝉的肚子底下，和蝉抢树液吃。蝉抢不过蚂蚁，只好默默地去开垦下一个地盘。

蝉一天到晚吮吸树液，遇到攻击时，便急促地把贮存在体内的废液排到体外，以减轻体重，迅速起飞逃命。

# "嗡嗡嗡"的"吸血鬼"——蚊子

炎热的夏天，人们最期待傍晚的到来。太阳下山后，忙碌了一天的人们想吹吹凉风，舒坦一下。不料，蚊子却开足马力飞了过来，追着人们吸血。

##  娇小的身材

蚊子是人们最讨厌的昆虫之一。它们身体细长，6条腿也细细长长的，前翅透明，后翅已经退化为平衡棒。你不要小瞧蚊子那对小小的前翅，它们每秒能振动好几百次呢。这种高频率的振动让它们飞行的时候发出"嗡嗡嗡"的声音。

##  短暂的一生

蚊子属于完全变态昆虫。雌蚊子将卵产在水边、水面或水中后，没多久，蚊子幼虫——孑孓就出生了。孑孓生活在水中，以细菌和单细胞藻类为食，先蜕皮，然后化蛹。经过几天的蛹期，蚊子成虫就出世了。

蚊子成虫的使命是产下后代，所以它们飞出水面后的第一件事就是寻求伴侣交配。交配后，雄蚊子能活1个星期左右，雌蚊子至少能活1个月。

蚊子一般在每年4月开始出

蚊子吸血

雄蚊

蚊子

现，秋天天气变冷时，就会停止繁殖，大量死亡。不过，有些蚊子会在墙缝、衣柜背后、暖气管道内躲起来，这样既可以保暖，又能降低新陈代谢速度，这么做还有点儿像冬眠。

 讨厌的"吸血鬼"

蚊子有一个长长的刺吸式口器，那是它们刺吸血液或草木汁液的利器。潮湿的草丛、阴暗的石缝等处，都有蚊子的身影。一旦有人或其他恒温动物出现，蚊子会立刻追上去，用尽全身力气刺入目标的皮肤，饱吸一顿热血。

被蚊子叮咬之后，皮肤会红肿发痒，让人苦不堪言。人们对蚊子恨得牙根痒痒，为消灭它们，轮番使用蚊香、杀蚊喷雾剂、电蚊拍等杀蚊武器。需要说明的是，这些在夏秋季节令人困扰不堪的蚊子都是雌蚊子。

# 群集成"云"——蝗虫

**如**果要给害虫们列一个破坏力排行榜，蝗虫肯定会高居榜首。

蝗虫

## 蝗虫画像

蝗虫的体色通常为绿色、灰色、褐色或黑褐色。口器坚硬，为咀嚼式。触角较短。前胸背板非常坚硬，向左右延伸到两侧；中、后胸固定在一起，不能活动。前翅又窄又硬，后翅宽大而柔软，呈半透明状，飞行能力很强。腿很发达，尤其是后腿的肌肉十分有力，再加上外骨骼坚硬，所以跳跃本领十分高强。

## 蝗虫的食物

大多数蝗虫以啃食植物叶片为生。它们最喜欢吃禾本科植物，是著名的农业害虫。也有一些蝗虫也吃其他昆虫的尸体，饿极了，它们连同类也不放过。

## 罪行大记录

虽然蝗虫个体战斗

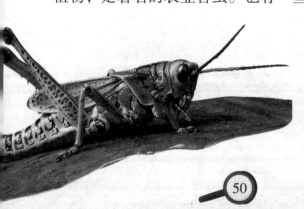

力一般，但它们集合起来，就像一片云，在百米之外都能听见蝗虫啃食庄稼的声音，而且严重危害农作物的生长，减少农作物的产量。

古今中外，蝗虫泛滥成灾的事例真是太多了。1957年，非洲索马里曾暴发了一次声势浩大的蝗灾，蝗虫达160多亿只，总重约5万吨。

现在，国际上每年都要拨巨款来与蝗虫作战，人类作战的手段有火攻、飞机洒药、细菌病毒攻击……虽然多多少少也取得了一些成效，但还是不能彻底战胜蝗虫。

 **蝗虫的天敌们**

除了治蝗专家们的各种灭蝗手段，蛙类和鸟类也是灭蝗主力军。尤其是蛙类，它们与蝗虫生活在相同的生态环境中，却总是想方设法地制约蝗虫繁衍生息。在鸟类中，食蝗较多的是燕鸻、白翅浮鸥、田鹨、粉红椋鸟等。

扫码畅玩
- 昆虫动画课堂
- 趣味性格测试
- 冷知识知多少

# 最会伪装的害虫——竹节虫

**夏** 季天气太热了，快到竹林里凉快一下吧。"啪嗒"，竹枝竟然掉下来了！这是怎么回事？你只是用手指轻轻碰了它一下呀。原来，那不是竹枝，而是竹节虫。

## 纤细的身材

竹节虫是中大型昆虫，身体细长，有分节，体长通常为1~30厘米；体色多为绿色或褐色；头小小的，略扁；丝状的触角总是向前伸直；6条腿细细长长的，似乎一碰就断，却能牢牢抓住树枝；前翅革质，后翅膜质，某些种类没有翅膀或者退化得只有1对翅膀。

并不是所有的竹节虫都有着纤细的身材，少部分竹节虫的身体是宽扁状的，腿也是宽宽扁扁的，看起来像被碾轧过似的。

竹节虫的外形与树枝相似，尤其像竹枝。它们将6条腿紧紧靠在身体两侧时，就跟竹枝没什么两样。

"竹节虫"的名字便由此而来。

## 伪装大师

竹节虫很会模仿植物形态，其体色还会随着光线、湿度、温度的变化而变化。白天，它们一动不动地躲在树叶上休息，还将

自己的体色调节成绿色；夜晚，天色变暗，气温降低，竹节虫就将体色调节成黑褐色，然后小心翼翼地去觅食。

竹节虫胆子特别小，它们还给自己配备了"闪光弹"。当竹节虫受惊飞起时，会瞬间释放耀眼的彩光，迷惑天敌。当天敌反应过来的时候，它们已经收拢翅膀，逃到安全的地方了。实在逃不掉，竹节虫还会掉落在地上装死。

## 没有爸爸

大部分竹节虫没有爸爸，只有妈妈，这是为什么呢？原来，在整个竹节虫家族中，雄性竹节虫数量较少，雌性竹节虫数量较多，雄性竹节虫没办法和每一个雌性竹节虫交配。于是，雌性竹节虫就进化出自己产卵的功能。

不过，没有和雄性竹节虫交配过的雌性竹节虫，产出的卵也多发育为雌虫。

# 飞舞的讨厌鬼——蠓

**夏**天的傍晚，人们如果路过草丛或者水洼的旁边，经常能看到一团细小的黑色虫子在半空中飞舞不休，这些就是蠓，俗称"小咬"，是一种非常讨人厌的害虫。

##  最小的吸血虫

蠓是人类已知的身体最小的吸血昆虫，究竟有多小呢？最小的只有1毫米长。蠓全身呈黑色或褐色，头部呈球形，有1对发达的复眼、2条丝状触角。口器为刺吸式的，翅膀膜质，又短又宽，有斑点花纹，足部细长。这就是蠓的形象。

蠓类昆虫种类繁多，全世界已知4000种左右。可见其家族的庞大。

蛾蠓

## 吸血有偏好

和蚊子相同，只有雌性的蠓才吸血，雄蠓以吸食植物汁液为生。值得一提的是，雌蠓还非常挑食。有些种类的雌蠓

喜欢吸食人血，有的则偏爱禽类，还有的喜欢牛马等牲畜的血。

蠓并不是所有时间都吸血，绝大多数种类的蠓把吃饭的时间安排在黎明和黄昏，就好像我们早上起来要吃早饭，晚上要吃晚饭一样。值得庆幸的是，还好它们不吃"午饭"，否则我们就连中午也会被叮咬了。

 ## 长得小，危害大

别看蠓长得小，它们对人类的危害却相当大。蠓吸食人血，被刺叮处常产生局部反应和奇痒，甚至会引起全身过敏反应，更重要的是蠓能传播多种疾病。

蠓种类多、数量大、滋生地广，要全面消灭和控制其滋生比较困难。因此，必须结合实际情况和具体条件进行综合防治。改善环境卫生，消除蠓的滋生条件，消灭蠓的滋生场所，同时采取物理或化学的防治方法杀灭蠓的成虫和幼虫，这样做可以取得较好的防治效果。

# 凶狠的吸血虫——蚋

**在**吸血虫家族中，有的纤细柔弱，例如蚊子；有的体形较小，例如蠓。我们接下来要介绍的这种昆虫，也是吸血虫家族中的一员，不过它们却以吸血凶狠出名。它们就是臭名昭著的驼背吸血虫——蚋。

##  长得黑，又驼背

蚋还有一个别称叫"黑蝇"，大多数的蚋都呈黑色，也有一些是深褐色的。蚋是昆虫纲双翅目蚋科昆虫，成虫体长1～5毫米，头很小，加上浑身乌黑，远远看上去就像黑芝麻。蚋的小脑袋上有1对又短又粗的触角，复眼明显，胸背隆起，看起来就像驼背一样。

全世界已知的蚋有1000多种，主要分布在北温带地区，我国发现的蚋有200多种，主要出现在东北林区。

##  蚋的一生

蚋同其他双翅目昆虫一样，一生会经历卵—幼虫—蛹—成虫4个阶段。因为要把卵产在水中，所以蚋最常出现的地方就是水边。因为生命短暂，所以成年的蚋必须抓紧时间为繁衍后代做准备。雄蚋和雌蚋交配之后，雄蚋很快就死了。剩下的蚋妈妈要独自抚养孩子。对于蚋妈妈来说，最为紧要的事就是吸血，如果不吸血的话，肚子里的卵就无法发育。这个时期的雌蚋是最疯狂的，它们围绕着人类和牲畜飞舞，一抓到机会，就扑上去狠狠地叮咬，疯狂吸血，直到肚子都撑得圆滚滚的才肯罢休。蚋妈妈成功吸血之后，就会到河边或者小溪边，把卵产进水中。

蚋的卵呈圆三角形，外边呈淡黄色，很小，通常几百枚聚在一起。在温暖的季节，卵大约5天就会孵化。变成幼虫的蚋会在水中生活3～10周，然后结成蛹，经过1～4星期后羽化。这就是蚋的一生。

## 幼虫只能生活在流水中

与白蛉和蠓不同，蚋的幼虫既不生活在泥土中，也不生活在死水中。相对来说，蚋还比较爱干净，因为它们的幼虫必须在氧气充足的流动清水内才能生活，若在死水中就会很快死亡。为了避免被流水冲走，幼虫的身体会分泌出一种带有黏性的细丝把自己粘在栖附处。幼虫生活在水中，以水中的微生物为食，直到结蛹羽化之后才飞到空中生活。

## 飞行能力强

蚋飞行能力很强，它们通常在室外活动，很少进入室内。雄蚋不吸血，以植物的叶汁为食，雌蚋吸食人、牲畜及鸟类的血液。它们在白天吸吮血液，日出日落是它们活动的高峰期，进入夜间则静止不动。

粉虱

# 裹着面粉的害虫——粉虱

**每**年的9月，在长江以南的一些地区，若是阳光和煦、微风习习，人们总会在空气中看到三五成群的白色小虫，它们就是粉虱，这是一种对农作物危害很大的害虫。

## 身上沾满"面粉"

粉虱是同翅目下的一种昆虫，遍布世界各地。在昆虫王国中，它们的身体相对娇小，就算是成虫，体长也不到4毫米。它们的外形像小蛾子，身上沾满了面粉状的细小颗粒，就好像刚刚从面粉口袋里爬出来一样。它们的名字也由此而来。

## 繁殖能力强

粉虱的繁殖能力很强，它们喜欢温暖的环境，温度越适宜，它们的繁殖能力就越强，生长周期也会变短。它们一年可以世代更迭几十次，在北方的温室中，大约30天就能完成一个世代，雌虫一次能产卵几百枚。

## 危害性大

国际上的一些农业组织已经把粉虱列为危害最大的入侵物种之一，它们对许多农作物都能造成毁灭性的危害。

粉虱的食物很丰富，几乎什么植物都吃。粉虱若虫通常一群一群地聚集在叶片的背面，疯狂地吸食植物体内的汁液，被残害的叶片会出现黄白斑点，严重时会变白掉落，严重影响植物的生长。

不过粉虱成虫有个弱点，它们一看到黄色，特别是橙色的东西就会被牢牢地吸引住，无论怎样都无法逃开，所以在出现粉虱的农田里，可以放置黄板诱杀成虫。

# 披甲的害虫——介壳虫

在古代，参加战争的士兵都在身上披着铠甲，这样可以避免被敌军的箭射伤。在昆虫王国中，有一种虫子也喜欢披着一身蜡质的铠甲，它们就是介壳虫。

介壳虫

##  混乱的繁殖方法

介壳虫是同翅目蚧总科昆虫，雌虫无翅，足和触角均退化；雄虫有一对柔翅，足和触角发达。它们的口器为刺吸式，体外有蜡质介壳。卵通常埋在蜡丝块中或雌虫分泌的介壳下。

不同种类的介壳虫，繁殖能力有高有低，有的种类一次产卵数千枚，有的则只能产几百枚。

另外值得一提的是，介壳虫的繁殖方式比较奇怪。如梨圆蚧在产卵过程中，由于卵的发育速度较快，在母体的输卵管中就已经孵出，因而母体产下的是若虫，这种生育方式被称为卵胎生。多数介壳虫产的卵经1～2周方能孵化。

##  作物破坏者

介壳虫和菜蚜一样是侵害农作物的害虫，不过相对菜蚜喜欢蔬菜来说，介壳虫更偏爱树木。它们通常寄生在松树、相思树等植物上，柑橘和柚子树是它们最喜欢吃的树木。

介壳虫的嘴像针管一样，刺进植物的枝条或者叶片内，然后疯狂地吸食植物体内的汁液，破坏植物组织，引起组织褪色、死亡；它们还能分泌一些特殊物质，使植物局部组织畸形或形成瘿瘤；有些种类还是传播植物病毒的重要媒介。

介壳虫对植物危害非常严重，特别是当它们大量出现，密密麻麻地趴在大树上时，严重影响植物的呼吸和光合作用。有些种类还排泄"蜜露"，诱发黑霉病，危害很大。

## 天敌多

介壳虫对农作物危害很大，不过好在它们的天敌也很多，大多数的捕食性昆虫都是它们的天敌。天敌一多，它们的数量就会受到控制，它们的危害就被间接地抑制了。

# 葡萄的死敌——葡萄天蛾

葡萄天蛾的名字中之所以有"葡萄"二字，可不是因为它们跟葡萄关系好，或者长得像葡萄，而是因为葡萄是它们主要的欺负对象。

##  葡萄天蛾画像

葡萄天蛾

葡萄天蛾是小胖子，身体又肥又大，呈纺锤形，身体一般是茶褐色的，背面色暗，腹面色淡。背部中央自前胸部到腹端有一条灰白色纵线，复眼后至前翅基部有一条灰白色较宽的纵线。复眼是球形的，呈暗褐色，长得比较大。触角背侧呈灰白色。

葡萄天蛾的翅膀很有特点。前翅上长了很多横线条纹，一般都是暗茶褐色的，中间那条横线条纹最宽，里面的次之，外面的横线条纹很细并呈波纹状。后翅的边缘是棕褐色的，中间大部分为黑褐色，缘毛色稍红。

## 灭虫大法

面对人类的指控，葡萄天蛾显得很无辜，它们说："我们只是在葡萄上休息而已，从不伤害葡萄哇。"大家千万不

要上当受骗了，葡萄天蛾不论幼虫还是成虫都昼伏夜出，别看它们白天一个个都一副安静无害的样子，但是到了晚上，它们便凶相毕露，大吃特吃。

为了消灭这些坏蛋，生物学家给出了一套科学的防治方法。

首先，挖除越冬蛹。这个行动在冬季埋土和春季松土时便可以进行。

第二，捕捉幼虫。夏季给葡萄修剪枝条时，可以顺便除虫。

第三，葡萄天蛾的成虫喜欢灯光，可以在夜晚利用灯光诱杀。

第四，幼虫易患病毒病，可以在田间寻找自然死亡的幼虫，取上清液稀释，制成药水，然后喷洒在葡萄的枝叶上，效果很好。

# 棉花最厌恶的虫——棉铃虫

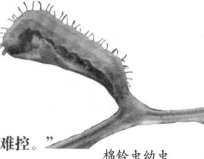

**别**看棉铃虫个子不大、貌不惊人，它们的本事可不小。不信，听听这番话："一种虫卵半球显，二代产卵叶正面。产卵分散不集中，孵化幼虫易钻孔。取食作物有多种，防治失时很难控。"

棉铃虫幼虫

##  吃棉花的"大胃王"

棉铃虫是鳞翅目夜蛾科昆虫，是棉花蕾铃期的大害虫。它们的适应能力很强，只要在棉花能生长的地方，它们就能生存。

别看棉铃虫的成虫整天悠闲地吸食花蜜，俨然是传粉劳模，其实，相对它们在幼虫阶段犯下的罪行，这点儿善举完全可以忽略不计。

棉铃虫主要蛀食棉花鲜嫩多汁的部分，所以嫩叶、鲜芽、娇蕾及棉铃等，它们统统不放过。它们喜欢从基部蛀入蕾、铃，在内取食。当这颗棉花吃得差不多时，它们便会在夜间或清晨转移到其他棉花上。花蕾、嫩叶受害后，会张

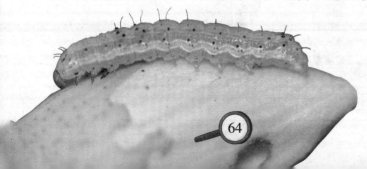

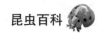

开、脱落，而棉铃被蛀食后则会腐烂。

需要说明的是，棉铃虫虽然名字中有"棉"字，但并不是只伤害棉花的，它们的寄主植物很多。除了棉花，它们还伤害玉米、豆类和果树等。

 ## 灭虫大法

消灭棉铃虫最好的时间是早晨露水干后至9时，这段时间，幼虫大多趴在叶面上，人轻轻摇动苗木，幼虫就会落在地上。

棉铃虫的蛹在地下3～5厘米的深处，人们可以在冬季松土追肥时将蛹翻出来，还可以给土壤浸水，让蛹大量死亡。

棉铃虫的天敌很多，如寄生蜂、寄生蝇及一些鸟雀。保护这些天敌，自然就能很好地消灭棉铃虫。

# 危害梨树的害虫——梨实蜂

你如果在梨园里漫步，会发现梨树上有很多叶子被切掉了，只留下一些受伤的叶柄，导致枝叶光秃秃的，非常丑陋。干出这种事的坏蛋就是梨实蜂。

## 梨实蜂的特征

梨实蜂是膜翅目叶蜂科昆虫，又叫折梢虫、切芽虫、花钻子等，成虫体长约5毫米，身体呈黑褐色，触角为丝状，翅膀呈淡黄色且透明，雌虫具有锯状产卵器。梨实蜂的卵呈长椭圆形，白色半透明。幼虫体长8毫米左右，头部呈橙黄色或黄色半球形，胸足3对，腹足8对。蛹为裸蛹，长约4.5毫米，初为白色，后期变为黑褐色。

梨实蜂喜欢切树叶，梨树那些被割掉的叶片都是它们切的。这是因为它们在产卵时通常会用锯齿状的产卵器割断叶片，然后把产卵器插进断口里，再把卵产进去。

## 对梨树情有独钟

梨实蜂一年只能繁殖一代，和其他害虫广泛取食植物不同，它们非常挑食，无论是苹果树还是桃树都不吃，唯独钟爱梨树。幼虫越长越大，它们最喜欢吃的是梨树的果实。虽然现在梨树才刚开花，不过没关系，它们可以先去吃花朵。它们爬到花萼的根部不断地啃食，直到咬穿花萼，钻进花的内部。这样等花萼脱落，幼虫就可以直接钻进果实内部了。它们在梨子的内部肆意啃咬，被咬的梨子逐渐变黑，未等成熟就掉落了。这个时候，已经成熟的幼虫就随着梨子掉落在地上，自己钻出梨子，然后钻进土壤中，吐丝结茧，度过冬天。

## 成虫会假死

梨实蜂喜欢在中午活动，早晨和日落后就一动不动地待在树叶上呈假死状态。这个时候，如果你摇动树叶，它们就会跌落下来。很多果农就是利用梨实蜂的这一特点来消灭它们的。

# "放屁大王"——椿象

**每**到夏天，椿象就默默唱着自己编的歌，大摇大摆地出来游逛。它们既没有强有力的武器，也没有敏捷的逃跑功夫，那么它们该怎样保护自己呢？

##  椿象大家族

椿象是昆虫纲半翅目蝽科昆虫，家族成员众多，大多数椿象身体扁平，有个长长的口器，能够刺破植物表皮，吸食汁液。

椿象属于不完全变态昆虫，夏天尤其活跃，冬天几乎不可见。它们有的生活在陆地上，有的生活在水里，还有的是两栖昆虫。生活在陆地上的椿象，大多有短鞭状的触角；生活在水里的椿象，一般都生有镰刀状的前脚；两栖椿象的中、后腿特别细长，能将身体支得高高的，使它们看起来和蜘蛛很像。

## "放屁虫"

虽然椿象看起来很不起眼，但其他小动物都不敢惹它们。因为它们有一个绝招儿——"放屁"。

椿象身上有个不起眼的小孔，连接着体内的臭腺，一旦遭遇敌害，椿象就会从小孔里喷射出臭液。臭液被喷出后立刻化为奇臭无比的气体，熏得捕食者失去判断能力，椿象借机逃之夭夭。椿象释放出的臭气与臭屁不相上下，所以人们送给它们一个形象的绰号——"放屁虫"。

## 破坏植被

部分椿象吸食植物的汁液，还将卵产在植物的枝干内，是不折不扣的害虫。例如，军配虫成群聚集在植物的叶子上吸取汁液。这些叶子会出现斑点，无法进行光合作用，慢慢就凋落了。不过，并不是所有椿象都是坏蛋，还有一些椿象对人类有益。

# 表里不一的坏家伙——金龟子

金龟子当选"最美甲虫"后，一举一动都受到大家的关注。有甲虫记者发现，金龟子的内心并不如外表那样美丽，它们经常在晚上出来"作恶"。

## 美丽的外表

金龟子们优雅地站在台上，不时转个身，向大家展示它们的美。只见它们椭圆或卵圆的身体上，披着闪烁着金属光泽的艳丽甲壳，有铜绿色的、暗黑色的、茶色的……在阳光下一闪一闪的，赢得观众一阵又一阵的欢呼声。当它们抬起小小的脑袋时，观众再次惊呆了，只见它们的触角呈鳃叶状，毛茸茸的，仿佛头上戴着两条丝绒发带。

作为"最美甲虫"，金龟子的所作所为并没有像它们的外表那样美好，无论是成虫还是幼虫，金龟子都是植物的克星。

扫码畅玩
● 昆虫动画课堂
● 趣味性格测试
● 冷知识知多少

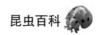
 **邪恶的内心**

　　金龟子属于完全变态昆虫，幼虫学名"蛴螬"，俗名"白土蚕"，多数全身呈白色，少数为黄白色，头部呈黄棕色，喜欢将身体蜷缩成"C"形，在地下生活的时间较长。

　　金龟子成虫喜欢啃食植物的芽、叶、花、果等，幼虫喜欢吃植物的根、块茎、幼苗等。很多植物还没钻出土壤呢，就被金龟子的幼虫吃光了。在金龟子的大力破坏之下，梨、桃、苹果、柑橘等果树的叶子满是孔洞，严重时只剩下主叶脉，根本无法进行光合作用。不仅果树会遭到金龟子的破坏，柳树、桑树、樟树、女贞树等，也经常受到成群结队的金龟子的袭击，大多受伤惨重。

　　很多金龟子特别嚣张，不顾大家的谴责，在白天就大摇大摆地出来破坏植物。这种金龟子被称为"日出型"金龟子。

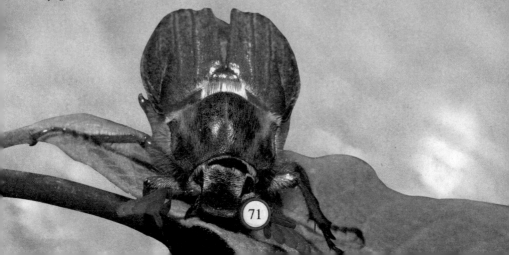

# 蚁中强盗——红蚂蚁

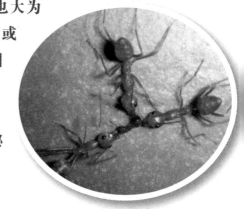

**蚂**蚁的颜色不同，性格也大为不同。常见的黑蚂蚁或褐蚂蚁，是勤劳、勇敢、团结的象征，而红蚂蚁却是懒惰、强横的象征。下面，就让我们来揭开红蚂蚁的神秘面纱吧。

##  小小的红色"火焰"

红蚂蚁是完全变态昆虫，体长0.3厘米左右，头部近四方形，头顶及两侧有纵条纹，触角呈柄节状，复眼小小的，上颚发达。胸部几乎与头部等长。腹部呈椭圆形，表面十分光滑。

红蚂蚁穿着橙红色或暗红色的外套，行动时如同一簇跳动的火焰，非常显眼。它们喜欢吃甜食，也爱吃肉。

##  懒惰的强盗

红蚂蚁是群居动物，每个蚁群中有

一个蚁后、一些雄蚁和无数工蚁，等级分明。

红蚂蚁生性懒惰，懒得寻找食物，懒得抚育幼虫，甚至懒得主动去吃身旁的食物，非要"仆人"将食物送到嘴里才行。为了养足够多的"仆人"，每年六七月份，红蚂蚁都要"出征"若干次，去抢其他蚂蚁的蛹。黑蚂蚁的蛹是它们最喜欢抢夺的对象。它们会用大颚咬住黑蚂蚁的蛹，大摇大摆地搬回家去。黑蚂蚁破蛹而出后，就会成为红蚂蚁最忠诚的"仆人"。

## 精准的记忆力

为了抢到足够多的"仆人"，红蚂蚁往往要走很远的路。可无论走出多远，它们都能按照原路一丝不差地返回。难道它们像蜗牛一样，一边爬，一边在路上做标记了吗？其实并不是这样。原来，红蚂蚁有着精准的记忆力，它们能把看到的图像在大脑中保留1天，甚至更长时间。路上的细微景物都是它们的记忆坐标，能够指引它们找到回家的路。

# 准备好了吗?
# 让我们一起前往昆虫世界吧!

——定制专属智能阅读服务，打造丰富立体的阅读空间

### 打卡点1：阅读博物馆

**这些昆虫会伪装，
考验你眼力的时候到啦！**

◉高清大图　◉动画课堂　◉趣味知识

### 打卡点2：趣味游乐园

**测一测你的性格像哪种昆虫？**

◉冷知识竞答　◉性格测一测
◉拼图大作战　◉昆虫简笔画

### 打卡点3：学习加油站

**我的朋友，原来你也在这里！**

◉阅读打卡　◉书友交流

🔲 扫码添加智能阅读向导
**领取更多线上资源**